晨讀10分鐘

〔小學生・高年級〕

宇宙探祕！

科學故事集 5

監修——大山光晴
編者——科學故事集編輯委員會
譯者——張東君

目次

身體的故事

動物的故事

植物和昆蟲的故事

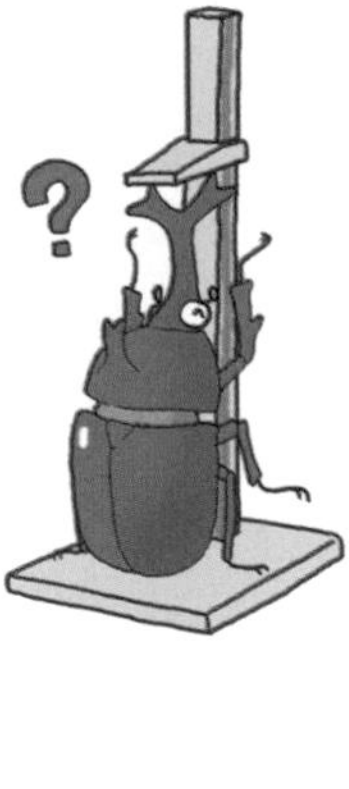

生活中的故事

地球和宇宙的故事

身體的故事

火車快速通過隧道時為什麼會耳朵痛？

搭火車剛進入隧道的時候，你會不會突然覺得耳朵痛，聽到的聲音也朦朦的聽不清楚呢？

這是人的耳朵構造受到氣壓影響的緣故。

在耳朵中有一層膜，叫做「鼓膜」。在鼓膜的內側連接著三塊聽小骨，可以傳達鼓膜的振動，這個空間被稱為「中耳」。

平時，中耳的氣壓跟外面的氣壓相同，可以保持平衡。但是當

外面的氣壓突然變高或變低的時候，這種壓力平衡就會被改變，會由高氣壓往低氣壓的方向推擠。鼓膜向內或向外鼓起時，就會使我們的耳朵感到不舒服。

火車進入隧道時，火車內的氣壓會急速下降，造成中耳內部的氣壓升高。接著，鼓膜被從內側往外側擠壓，使耳朵疼痛。

搭乘飛機升空時耳朵也會痛，這也是由於機艙外氣壓變低

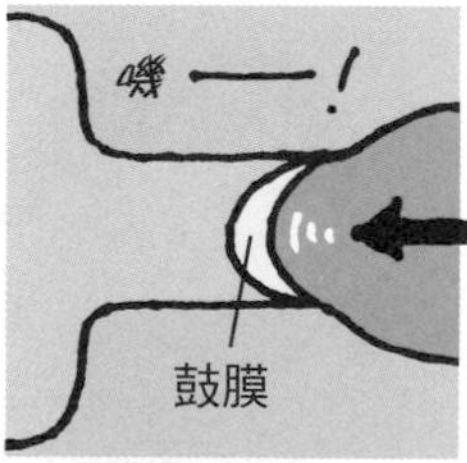

中耳內部的氣壓高

外面的氣壓高

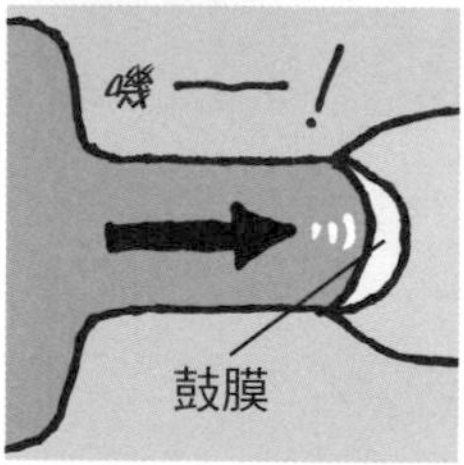

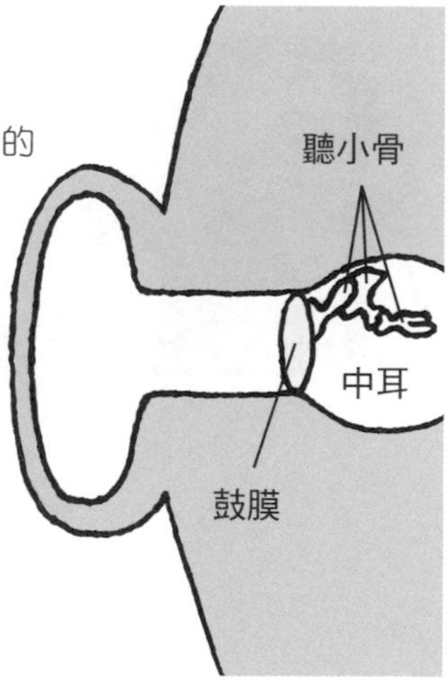

的關係。相反的，當高速電梯迅速往下降，由於電梯裡的氣壓突然升高，鼓膜被從外側往內側壓擠，同樣會感覺耳朵不舒服。

幸好，中耳有一個與鼻腔相連的管子，稱為「耳咽管」。只要打個呵欠、吞口水、或是閉嘴捏住鼻子用力呼氣，就可以打通耳咽管，幫助平衡中耳和外面的氣壓，這樣不舒服或疼痛就會得到改善了。

為什麼可以吃出不同的味道？

在我們的舌頭上，有四千到五千個稱為「味蕾」的細胞。味蕾會感應吃到嘴裡的食物味道，再把味道的刺激傳到腦部。

其實我們能感覺到的味道，只有「酸」、「甜」、「苦」、「鹹」、「辣」等五種而已。

只不過是五種味道的組合，卻能讓我們嚐到各種不同的味道。

有趣的是，舌頭的不同部位，會分別對不同的味道敏感。例如在舌尖比較容易感覺甜味、舌根比較容易感覺苦味。

把砂糖放在舌頭的根部，覺得甜味並不明顯；但是把砂糖放到舌尖上的話，就會覺得砂糖很甜。

此外，像辣椒這種會讓人感到刺痛的辣，與其說是嚐到「味道」，還不如說是受到「刺激」。一般認為「辣味」跟「痛覺」的感覺是很相近的。

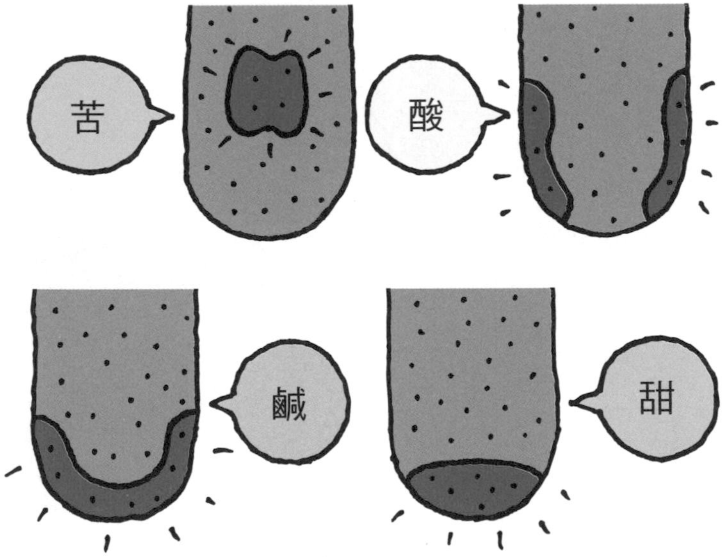

食物的美味與否，不光只會受到舌頭嚐到的味道影響，也會受到視覺、氣味、軟硬度、舌頭的觸感等因素影響。若是捏住鼻子再吃東西，對於食物好不好吃的感覺，也許就會有所改變喔。

另外，溫熱的食物會比冷掉的時候更容易嚐出甜味，顯然舌頭對味道的感覺也會受到溫度的影響呢。

為什麼人不能在水中呼吸？

假如人在水裡也能呼吸的話，就不必在游泳池裡憋氣游泳，也可以在美麗的海底散步，那該有多好！

魚在水中生活，用鰓呼吸來攝取溶解在水裡的氧氣。人類沒有鰓，呼吸時是從鼻子吸取空氣，再透過肺裡面的「肺泡」攝取空氣中的氧氣。

人真的不能夠在水裡呼吸嗎？

其實肺也可以從水中攝取氧氣。只不過由於溶解在水中的氧氣量太少，進入肺裡的氧氣量並不足以讓人類存活。再加上沒辦法把進入肺部的水順利排出，所以人類就不能在水中呼吸了。

由最近的研究得知，只要使用溶有大量氧氣的特殊液體，人類也可以在液體中進行呼吸。

這種方法是以特殊的液體取代空氣

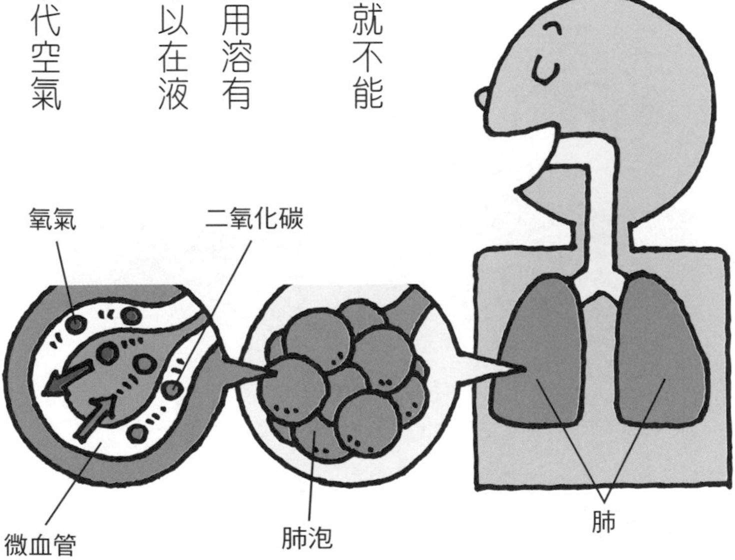

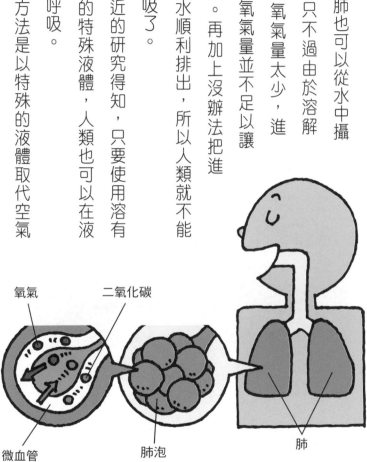

吸入肺部，進行呼吸。這種特殊的液體也被實際運用在醫療上，目前正在研究將來運用在水裡或是太空中的可能性。

出人意料的是，像海豚或鯨魚等在水中生活的哺乳類，牠們也沒辦法在水中呼吸。所以在牠們的頭上都有個呼吸孔，一定要浮到水面上，才能呼吸到空氣。

為什麼會尿尿？

你知道人每天會排出多少尿嗎？

雖然每天的排尿量會因飲食不同而改變，不過一般來說，成年男性排尿一點五公升到兩公升，成年女性則是一公升到一點五公升。相當於一瓶特大號保特瓶的量，所以我們每天的排尿量還真不少啊。

那麼，為什麼人會排尿呢？

我們在吃東西和喝東西的過程中，會把大量的水分攝取到身體

裡面。這些水分並不會直接變成尿液，而是先被腸子吸收，和血液混合，經過體內循環，把身體細胞不需要的東西帶到腎臟去。

腎臟是過濾血液的地方。經過腎臟過濾後的乾淨血液，會再次回到血管裡面。多餘的水分和代謝廢物則變成

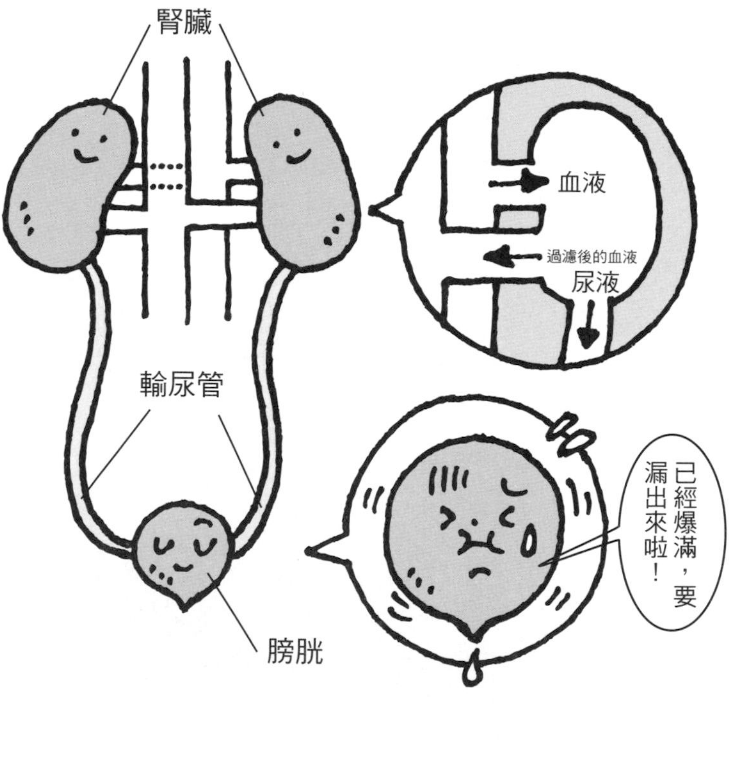
腎臟
輸尿管
膀胱
血液
過濾後的血液
尿液
已經爆滿，要漏出來啦！

尿液，從腎臟經過輸尿管儲存到膀胱，最後才被排出體外。

也就是說，排尿是把多餘的水和毒素排到身體外面去的重要工作。

尿液也是我們瞭解身體是否健康的指標之一。在身體健康檢查的時候，應該有做過「尿液檢查」吧。

只要調查尿液的濃度，或是尿中物質的種類與量，就能夠知道身體的哪個部位出了問題。醫生光從排尿和尿液的狀況，就能夠診斷出很多種身體的疾病呢。

腎臟的位置

膀胱的位置

為什麼有肚臍？

在我們的肚子正中間，有一個小凹陷，那是肚臍。為什麼我們的身上會有肚臍呢？

原本小寶寶在媽媽肚子裡的時候是沒有肚臍的。小寶寶不呼吸也不吃東西，而是從一條和媽媽相連的管子傳輸血液，得到氧氣和營養。這條管子稱為「臍帶」。有了這條管子，寶寶就可以得到氧氣和營養而快快長大，小寶寶體內充滿二氧化碳的血液，也會經由這條管

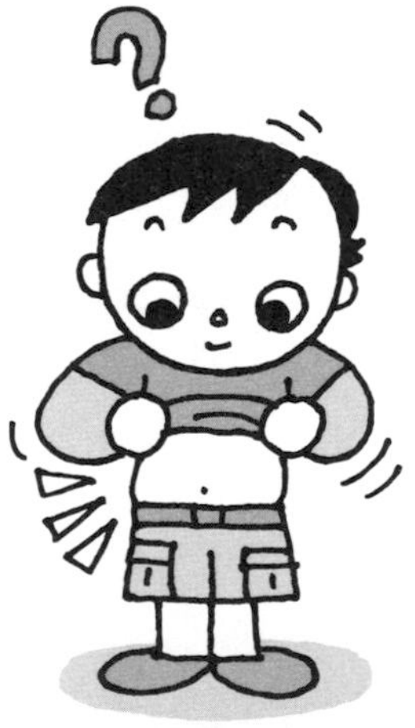

子被送往媽媽的身體，再排出去。

等到小寶寶生下來以後，可以大聲哭泣、自己呼吸，醫護人員就會把這條和媽媽身體相通的臍帶剪斷。

由於小寶寶出生後能夠自己呼吸，也能夠喝奶攝取營養，即使沒有這條管子也沒關係。

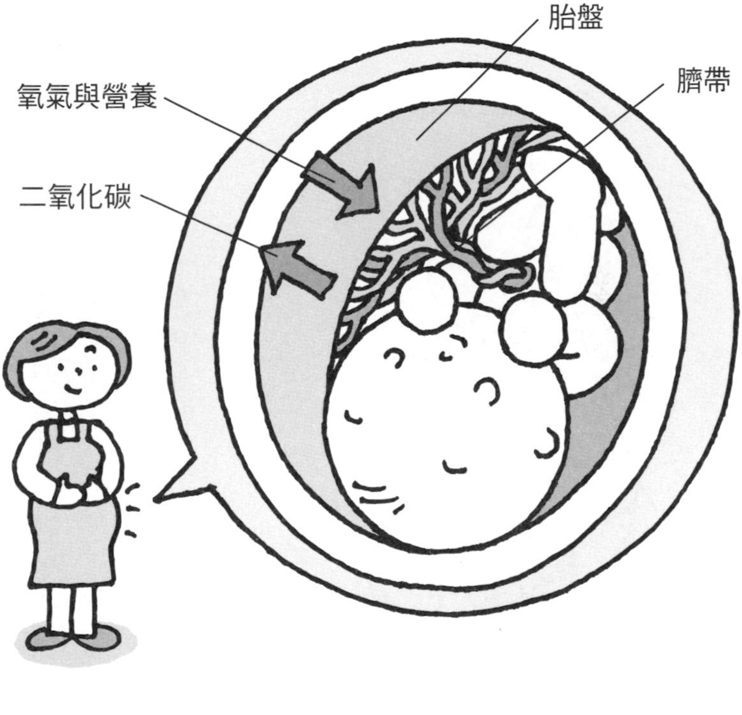

肚臍是把臍帶切斷以後留下的痕跡，也是寶寶跟媽媽身體相連的證據。

不只是人類，只要是在媽媽肚子裡養育寶寶的哺乳類全都有肚臍。所以狗、貓或鯨魚，全都有肚臍。

不過也有例外，袋鼠和無尾熊是沒有肚臍的。因為牠們誕生的時候，是在媽媽的育兒袋中成長，不用靠臍帶輸送養分跟氧氣，所以也就沒有肚臍了。

為什麼會肌肉痠痛？

在爬山或是快速跑步等劇烈運動以後，是不是常會覺得全身每個地方都在痛呢？

這種疼痛被稱為「肌肉痠痛」，發生在激烈使用平常少用的肌肉時。由於勉強使用肌肉有可能會讓肌肉受傷，在這種時候，身體就會發出危險信號，血液中一種稱為「乳酸」的物質會引發痛覺。因此乳酸大量增加時，就會引發肌肉痠痛。

當乳酸增加過多時，肌肉細胞還會變硬，讓反應不靈活，身體也變得虛弱。由於乳酸需要好幾天的時間才能轉換成無害物質，因此疼痛與虛弱也會持續好幾天。

消除肌肉痠痛最好的方法，是讓血液的流動順暢，盡快把會引發肌肉疼痛的乳酸代謝掉。

在澡缸裡泡澡把身體泡

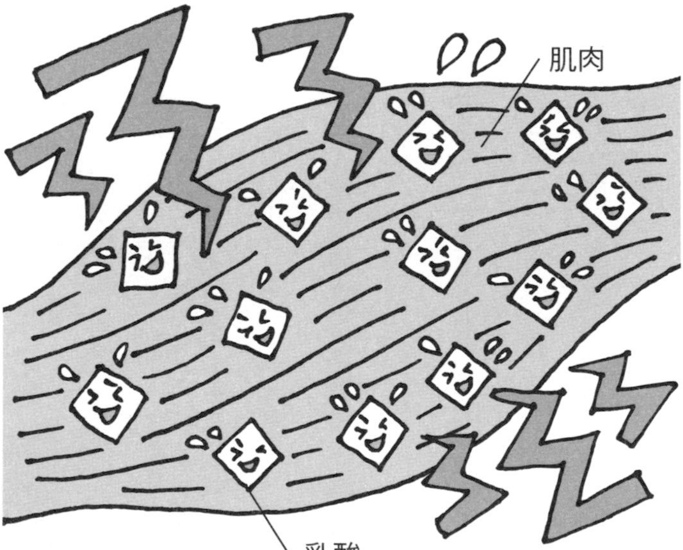

暖、按摩患部讓肌肉放鬆、做伸展運動等等，都是很有用的方法。真的很痛的時候千萬不要勉強，要讓肌肉好好休息。

此外，運動不足的人也特別容易產生肌肉痠痛，所以平時多運動，或是在做激烈運動前先做點輕鬆的伸展操是很重要的。

什麼是預防接種疫苗？

聽到要預防接種、想到要打針的時候，你會不會害怕得全身發抖、很不舒服呢？

接受預防接種，是為了要防止我們罹患流行性感冒或是麻疹等疾病。正是為了預防這些病毒所造成的疾病，才要把疫苗注射到我們身體裡面。

疫苗的製造方法是取出引發該種疾病的病原體，減弱其毒性到

不會對人體造成危害的程度。你也許會懷疑「把引發疾病的物質打到身體裡面，真的沒問題嗎？」不必擔心，由於疫苗已經把毒性減弱了，所以即使病原體進入身體，也不會造成嚴重的疾病。

人體原本就具備了打敗外來敵人的能力。只要有跟過外來敵人

交手過一次，身體就會記得那種敵人。等到這種敵人再次來襲時，就會釋放出專門對付那種敵人的特別物質（抗體），迅速將病毒消滅。這種作用就稱為「免疫」。

預防接種就是利用免疫的機制來進行的。只要先讓疫苗進入身體，讓免疫系統記住這種敵人；以後如果有同種病原體想要進入身體，免疫系統就能立刻辨識敵人，迅速製造出對付那種病原體的抗體。萬一還是受到感染，也只會有輕微的症狀。

預防接種是保護我們不會罹患可怕疾病的有效手段之一。

只要有很多人接受預防接種，就可以抵擋疾病的流行，甚至可以根絕該種疾病。例如從前「天花」是非常可怕的疾病，因為有了預防接種，現在已經完全根除了。

有蛀牙就不能當太空人是真的嗎？

即使有蛀牙，只要完全治療好了，還是可以當太空人。日本太空人毛利衛先生也有蛀牙，他就是接受牙齒治療以後，才飛向太空的。

由於在太空船裡沒有牙醫，所以在發射之前，一定要先接受健康檢查，看看有沒有快要脫落的牙齒填充物，或是在太空中可能會痛的牙齒。

太空人之所以要特別注意牙齒，是有道理的。

太空船中的氣壓，保持在跟地球同樣的一大氣壓左右。可是當太空人離開太空船，在太空中活動時，由於太空衣內部的空氣稀薄，氣壓也會降低到零點三氣壓左右。

當牙齒因為蛀牙而有空洞時，空洞裡面的空氣會膨脹，從內部擠壓蛀牙，進而引發疼痛。

雖然等到蛀牙裡的空氣和周圍的空氣達到平衡以後，疼痛會減輕，但是等到太空人回到太空船內，蛀牙裡減少的氣壓，卻會反過來好像從上方擠壓牙齦一樣，引發不同的疼痛。

太空中的活動，是與生命息息相關的重要作業。在這種時候，萬一牙痛就糟糕了，所以在地球上就把蛀牙治療好是非常必要的。

為了以防萬一，在太空船裡的急救箱中，甚至準備著能暫時性黏住蛀牙填塞物的藥品，或是拔牙的道具。不過想要到外太空去的人，最好還是把蛀牙治好，才不會用到這些道具。

為什麼一定得吃蔬菜？

爸爸媽媽是不是常常叮嚀你：「要多吃蔬菜」？為什麼我們非得吃蔬菜不可呢？

因為只吃肉和米飯的話，人體必要的營養就會不夠。肉的主要成分是蛋白質跟脂質；米飯的主要成分是碳水化合物。不過只吃這幾種食物，卻會導致維生素、礦物質、食物纖維等營養攝取不足。

維生素和礦物質能夠調整身體或心理的平衡，要是攝取不足的話，就會容易感到疲倦、心情不好、不想活動。食物纖維也具有健胃整腸的作用。

每一種蔬菜都富含著各種不同的維生素及礦物質。每天吃各種不同顏色的蔬菜，對保持身體健康非常的重要。吃了各式各樣的蔬菜，就能夠均衡攝取到必要

淺色蔬菜
含有維生素 C 等
肌膚光滑
黃綠色蔬菜
含有豐富的胡蘿蔔素（維生素 A）
能夠調整身體的狀況。對眼睛很好喔！
根莖類
含有食物纖維等
讓身體狀況變好。也會變得很有精神喔。

的維生素與礦物質。

可是，像獅子和獵豹等肉食性動物，牠們不吃蔬菜為什麼也可以保持健康呢？

肉食性動物吃掉草食性動物時，也會把內臟一併吃下去。由於草食性動物的內臟裡面有許多吃下去的草，加上內臟本身也富含維生素與礦物質，所以，肉食性動物也能夠保持營養均衡。

科學小實驗

大腦也會被騙？

讓我們用自己的身體，做些簡單又有趣的實驗吧。

像圖一這樣交叉雙手，手指交握，朝前方轉一圈，然後眼睛盯著左右手的手指十秒鐘。

圖一

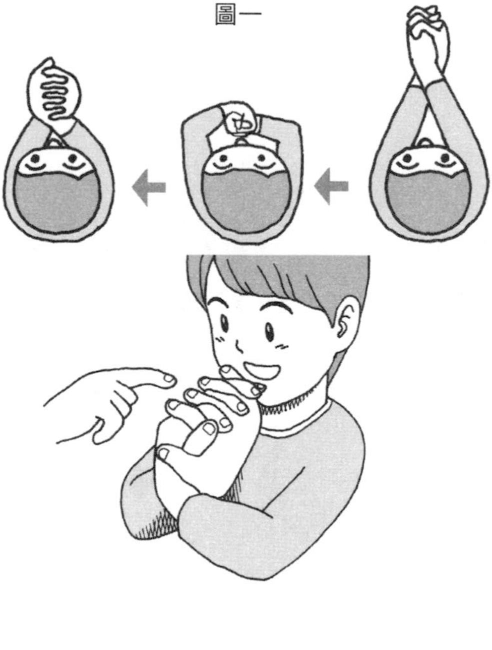

接下來，請旁邊的人隨便指一根大姆指以外的手指。

然後，試著抬起被指定的指頭。你有正確抬起指頭嗎？

出錯了吧，人家明明指著左手的食指，你卻抬起右手的中指；指的是右手的中指，你卻抬起左手的無名指。

為什麼會這樣呢？這是因為手指放的方向正好跟平時前後左右相反，所以腦袋就被騙啦。

圖二

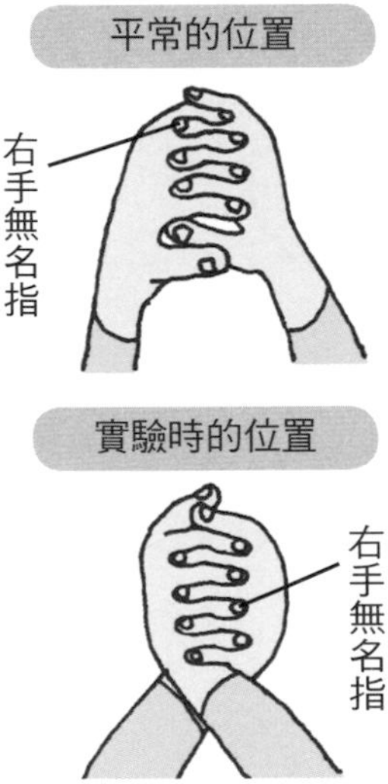
平常的位置
右手無名指
實驗時的位置
右手無名指

咦

像圖二這樣由於和習慣看到的位置不同，所以在被指到的時候，我們的腦袋就會很混亂，搞不清楚究竟是哪根指頭，或者到底是不是自己的指頭，於是就會弄錯。例如在被指到左手食指的時候，腦部會瞬間判斷那是右手的中指，而移動不同的手指。

試試另一種實驗。像圖三一樣，把你的左手食指跟另一個人的左手的食指貼在一起。然後用右手的食指與大姆指去抓住這兩根貼在一起的食指指尖，摩擦看看。

圖三

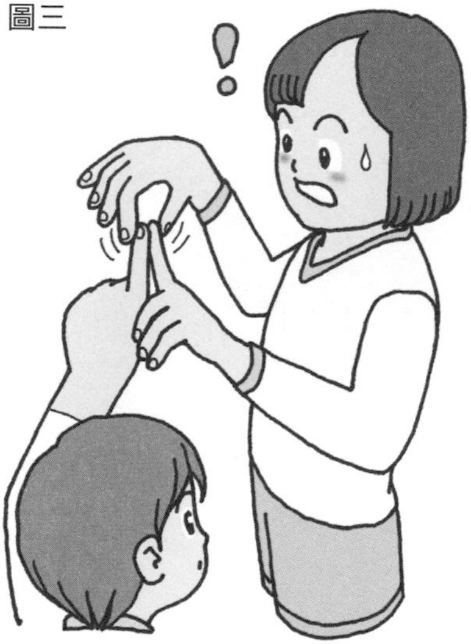

有沒有一種奇怪的感覺呢？

這也是你的腦感到混亂造成的。由於用右手摩擦的是兩根指頭，可是其中一根並不是你的指頭，所以左手只有傳回一根指頭被摩擦到的感覺（圖四）。這種跟平常不一樣的感覺，會讓腦感到困惑也會感到不舒服。

圖四

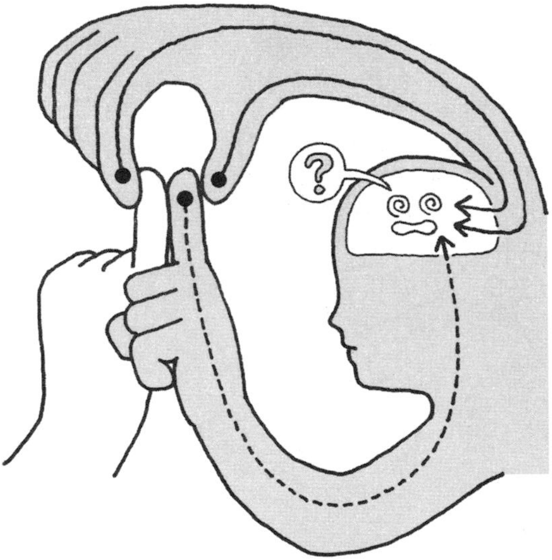

洗頭髮的時候，試著兩手交換洗洗看，也很有趣喔。由於腦部會體會到跟平常不一樣的感覺，所以就好像是讓別人洗頭一樣呢。

人類的腦部是很優秀的，能夠活用過去的經驗，迅速的理解、下判斷。可是也因為如此，萬一有些經驗跟過去的體驗

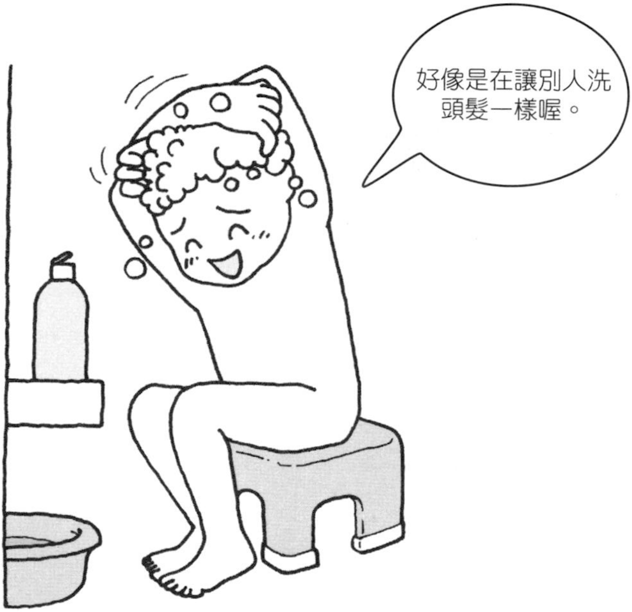

很類似，實際上卻又不同，過去的經驗就會成為絆腳石，讓我們的腦子受騙了。

不過在習慣了以後，這些經驗也會累積，讓腦子不再被欺騙。

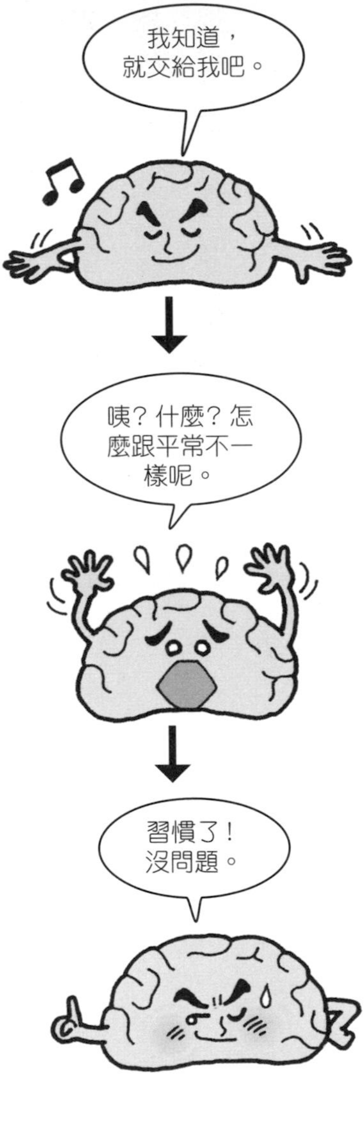
我知道，就交給我吧。
咦？什麼？怎麼跟平常不一樣呢。
習慣了！沒問題。

動物的故事

長頸鹿有幾支角？

只要一提到長頸鹿，大家通常會注意的是牠們脖子或腳的長度。不過現在先讓我們看看牠們的頭。

沒錯，牠們的頭上有長角。但是你知道牠們有幾支角嗎？可能有很多人認為，那還用說，一定是兩支嘛。但是牠們除了兩支大角以外，額頭上還有一支短角、在兩支大角後面還有兩支像丸子般短短圓圓的角。牠們總共有五支角。

不論雄性或雌性，長頸鹿都是在出生時就長著角的。在動物裡面只有長頸鹿是如此，非常稀奇。雖然牠們的角在剛出生的時候很軟，是橫躺著的，不過會慢慢立起來。其實牠們的角是頭骨的一部分，表面被皮膚包覆，所以角上也長著細毛。

此外，這些角也能夠當成武器使用。看起來很溫馴的長

頸鹿，在雄性彼此爭奪雌性的時候，就會用這些角來攻擊對方的脖子或胸部，進行戰鬥。

長頸鹿還有其他我們看不到，卻很令人驚訝的特徵喔。例如長頸鹿的舌頭。牠們的舌頭居然長度可達五十公分左右，所以才能夠捲下生長在高高樹上的樹枝和樹葉來吃呢。

紅鶴為什麼只用單腳站立？

紅鶴分布在非洲或是南歐、中南美洲，以數千到上百萬隻的數量，成群生活在水邊。牠們的特徵是有美麗的粉紅色羽毛，以及細細長長的腳。

有機會到動物園等地方觀察紅鶴，請記得看一下牠們的腳。你會發現當牠們在休息或是睡覺的時候，都只看得見牠們的一隻腳。

那是因為紅鶴會把其中一邊的腳折起來緊貼住身體，藏在羽毛裡面，所以很難從外面看見。

為什麼牠們要用單腳站立呢？其實紅鶴是用單腳站立的方式，來讓另一腳休息。

有個故事說，澳洲原住民打獵的時候，會躲上一整天等待獵物。在這種時候，他們也像紅鶴一樣一直用單腳站立。當一隻腳站累了的時候，就換另外一隻腳來站。這樣一來，不管站幾小時都沒有關係。

此外，像棲息在寒冷地帶的丹

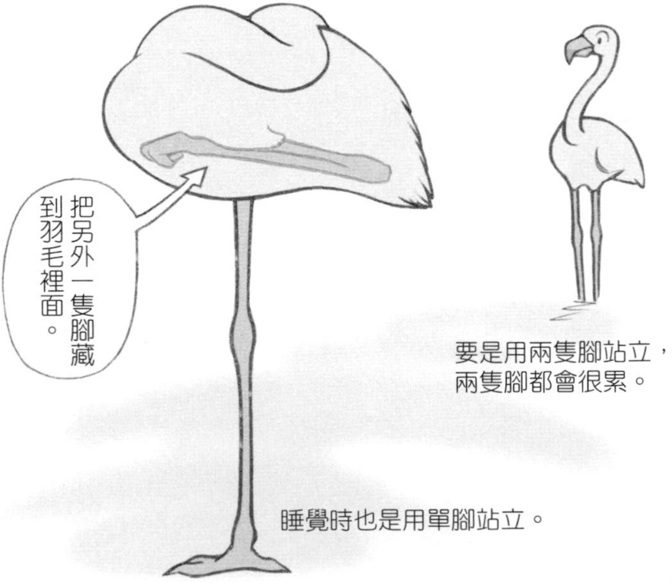
把另外一隻腳藏到羽毛裡面。
要是用兩隻腳站立，兩隻腳都會很累。
睡覺時也是用單腳站立。

頂鶴，也是用單腳站立。天氣冷的時候，丹頂鶴要是把腳泡在水裡，水溫就會讓身體的血液冷卻，容易使身體失溫，全身變得冰冷。這時要是遇到敵人攻擊，就沒有辦法迅速逃走。

所以丹頂鶴不論休息或睡覺的時候，都只會用單腳站立，盡可能讓體溫不會降低。

在紅鶴羽毛的粉紅色當中，還隱藏了一個跟食物有關的祕密。紅鶴吃的藻類（植物性浮游生物），裡面含有「β—胡蘿蔔素」。而在β—胡蘿蔔素中，含有能讓紅鶴的身體變成粉紅色的色素。

當這種色素被攝取到血液中在全身循環時，就會讓紅鶴變成粉紅色。要是β—胡蘿蔔素攝取不足，紅鶴的羽毛就會變白。

所以在動物園等地方飼養紅鶴時，就會特地餵牠們吃一些含有β—胡蘿蔔素的食物。

為什麼牛有好幾個胃？

你喜歡吃烤肉嗎？在吃燒烤的時候，我們會點各種不同名字的肉，像是牛小排、牛里脊、牛舌等來吃。牛小排是指肋骨周圍的肉、里脊是指背上的肌肉、牛舌當然就是牛的舌頭啦。

那麼，特級牛肚、金錢肚、千葉、小牛肚這些名稱的肉，又都是牛身體上的哪些部分呢？答案全部都是「胃」。至於為什麼會有四個名字，是因為牛有四個胃。

牛是吃草的。由於草含有纖維素的堅硬纖維，沒有辦法只靠嘴巴咀嚼去咬斷磨碎，也就不能好好消化。於是牛就靠牠們的四個胃，來慢慢進行消化。

吃下肚的草，會先進入有大量細菌棲息的「第一胃（瘤胃）」。靠著細菌的作用，食物會變得比較容易消化。

到了「第二胃（蜂巢胃）」以後，食物就會變成一小團。

這些小團小團的食物，會再度回到嘴裡去，讓牛慢慢進行咀嚼。這就稱為

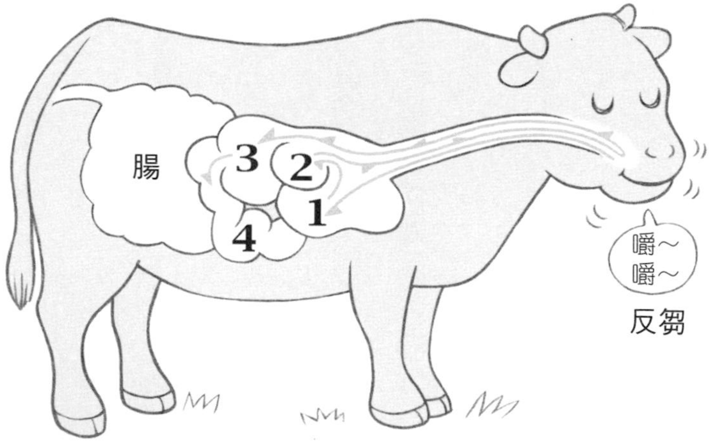

「反芻」。我們有時會看到趴在地上休息的牛不停的動著嘴巴，那就是牠們正在反芻那些從胃裡被送回來的草喔。

和唾液混合在一起變得很黏稠的草，會再被送往「第三胃（重瓣胃）」。在這個胃裡面充滿了皺褶。草在這些皺褶間被磨得更碎，變得容易消化以後，又被送往「第四胃（皺胃）」。

在第四胃中，會用胃液來消化那些已經變得很碎的草。也就是說，這個胃扮演的角色，跟人類的胃差不多。

接下來，營養會在長度有牛身體長度二十倍（大約六十公尺）的腸子裡被吸收。人類的腸子長度大概是九公尺，這樣你就知道牛的腸子究竟有多長了吧。

牛就是這樣把很難消化的草給吃下肚子消化。

有數個胃的動物並不只有牛而已。像鹿、長頸鹿、河馬等草食性動物，也都像牛一樣分成三個或四個胃，會進行反芻。雖然馬也是草食性動物，但是馬的胃並沒有分成好幾個，也不會進行反芻。馬是靠棲息在盲腸裡的細菌作用來分解纖維素的。

蛇的尾巴要從哪裡算起？

可能有很多人只要一聽到蛇這個字，就會渾身不舒服或很討厭。那麼你知道在既沒手又沒腳、細細長長的蛇身上，到底哪裡算是屁股，從哪裡開始才算尾巴呢？

先來說屁股。其實蛇並沒有屁股。

一般我們說的屁股，是指讓後腳整體前後動作的肌肉膨脹部分，只有後腳位於身體正下方的哺乳類才有。所以像蜥蜴等「爬蟲

類」就沒有屁股。因為牠們的後腳是從身體的側面突出去，並沒有多出用來運動腳部的肌肉。當然，沒有腳的蛇也就沒有屁股。

那麼，在這個長長身體中尾巴到底該從哪裡算起呢？

很簡單，從肛門以後就算是尾巴，只要把蛇翻過來看就很容易看見。

跟蛇的背側不同，蛇的

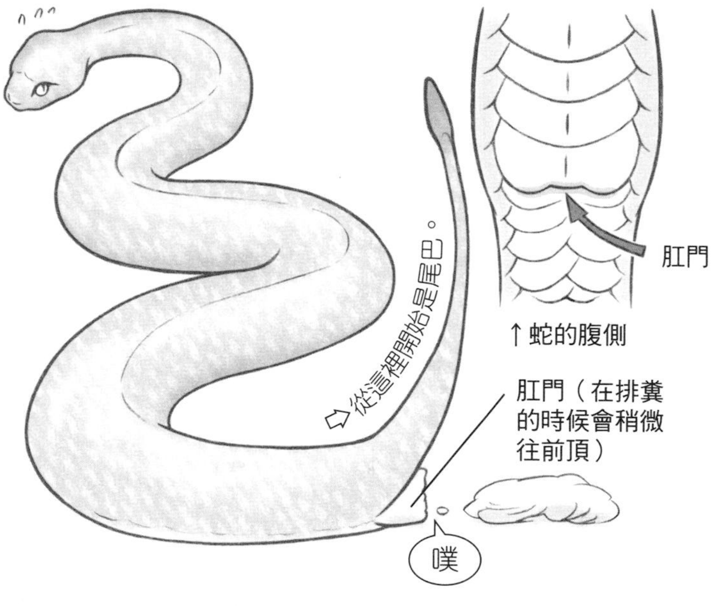

從這裡開始是尾巴。
肛門
↑蛇的腹側
肛門（在排糞的時候會稍微往前頂）
噗

腹側有很大的鱗片。在肛門以後的鱗片排成兩排，很容易區分。肛門附近有小骨頭，是後腳退化後的痕跡。從這點來判斷，也能夠知道在肛門之後就是尾部。

不過蛇的肛門不只是用來排糞，尿或蛋也都是從這裡排出。

另外，以蛇的特徵來說，雌蛇的尾巴短，會突然變細；雄蛇的尾巴則是又粗又長。只要看蛇的尾巴，就可以分辨出雌雄的不同了。

即使是不太想看的蛇，只要注意到這些重點，去動物園觀察蛇的時候，應該就會變得比較有趣嘍。

龜類的殼裡面是什麼樣子？

龜類是蛇、蜥蜴、鱷魚等生物的同類，屬於爬蟲類。牠們不只生活在池塘、海洋等水邊，即使在沙漠等地也有牠們的蹤影。牠們比生存在遠古之前的恐龍還早出現在地球上，並且存活到現在，可說是非常古老的生物。牠們之所以能夠生存這麼長久的時間，沒有滅絕，主要是牠們在演化過程中，甲殼和腳的形式等都配合棲息場所而改變，所以能夠適應生活。

龜類的甲殼是堅固的盔甲。即使被敵人攻擊，只要把脖子或手腳縮進殼中，就能夠防止自己不被敵人的尖銳牙齒或爪子侵害。

雖然因為有殼讓牠們沒辦法迅速逃走，但也是有了這個殼，牠們才能夠存活到現在。

像龜殼這種在其他動物身上看不到的殼，到底是什麼樣的東西呢？

不像寄居蟹的殼可以脫下來、進進出出，龜殼的構造是很神奇的。假若以人類為例，就好像是讓胸部的肋骨變成很大、很發達的構造，可以把手腳或是頭折起來，縮進膨大的胸部裡面。

龜殼的外側被像鱗片般的「角質板」保護著，而內側則和脊椎骨及肋骨緊黏在一起。龜類的殼是背部和腹

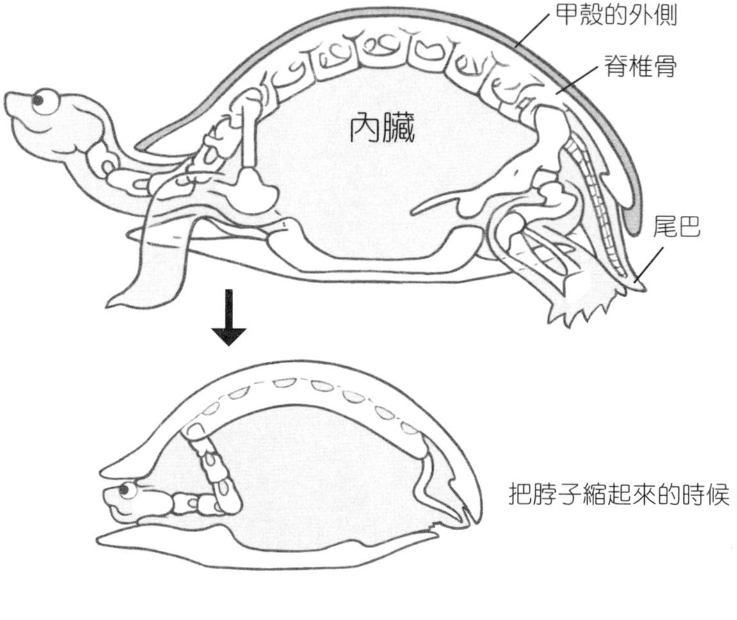
甲殼的外側
脊椎骨
內臟
尾巴
把脖子縮起來的時候

側都有，而且龜殼在前腳與後腳之間是相連在一起的。

龜殼是由「角質」所形成，來源跟製造我們的指甲或鱷魚的鱗片一樣。由於龜殼非常堅硬，所以受到其他動物攻擊時可以防身。

話說回來，你有沒有看過烏龜在公園的池塘岩石上曬太陽呢？這種稱為「曬殼」的行為，並不是只在做日光浴而已喔。

龜類是爬蟲類，屬於沒辦法自己調節體溫的「外溫動物」。只要周圍的溫度下降，牠們的體溫就會跟著下降，有時會變得無法動彈。像這樣在太陽下做日光浴，讓貼在甲殼下方各處的血管和血液吸收熱度，讓全身暖和起來。

此外，在日光下把身體曬乾，也具有替皮膚殺菌的效果。

兔子的眼睛為什麼是紅的？

只要說到兔子，一定會有很多人立刻想到牠們的紅眼睛吧。不過並不是所有的兔子的眼睛都是紅色的喔。生活在大自然中的兔子，眼睛幾乎都是黑色或褐色的。紅眼睛的兔子，是人類為了飼養而培育出來的白毛「家兔」才具有的特徵。

那麼，為什麼白毛家兔的眼睛是紅色的呢？

當我們睡眠不足或是眼睛很累、哭過以後眼睛就會變紅。這樣

說來，家兔的眼睛是不是總是很累呢？

　其實並非如此。通常在瞳孔周圍會有稱為「黑色素」的顏色成分。當光線充足時，這些黑色素就會像太陽眼鏡一樣，阻隔從外面射入的光線，讓眼睛內部變暗。也因此，眼睛看起來就是黑色的。

　可是由於白色家兔身

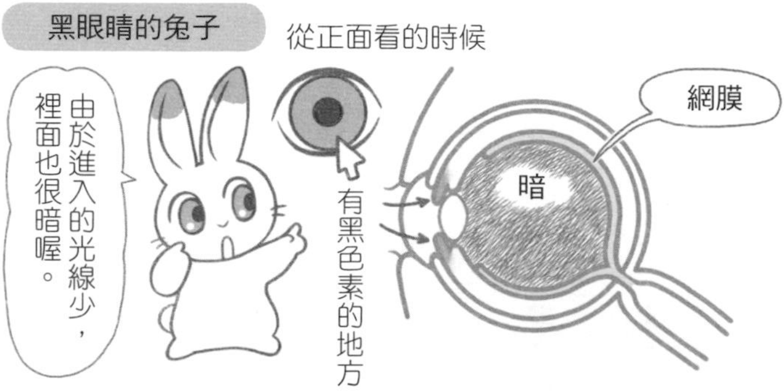
黑眼睛的兔子
從正面看的時候
由於進入的光線少，裡面也很暗喔。
有黑色素的地方
網膜
暗

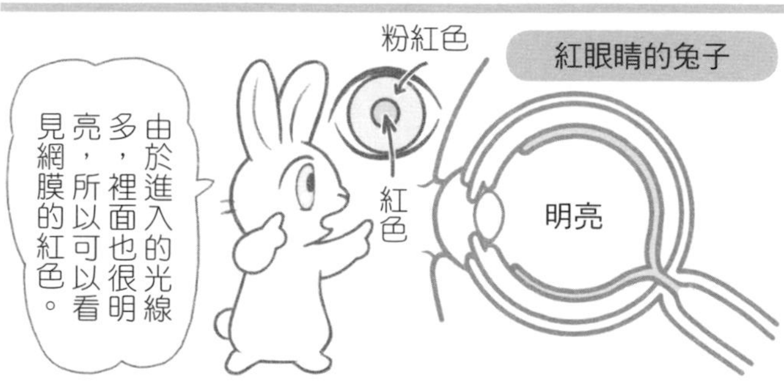
紅眼睛的兔子
粉紅色
紅色
由於進入的光線多，裡面也很明亮，所以可以看見網膜的紅色。
明亮

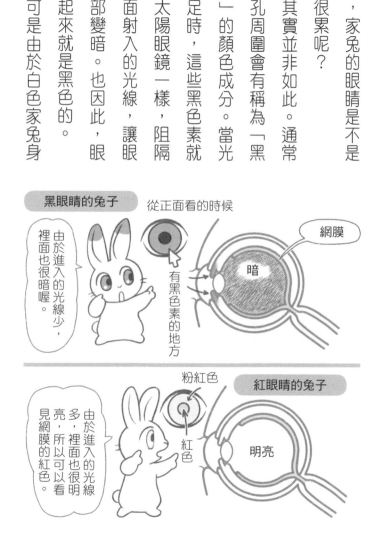

上沒有黑色素，所以瞳孔的周圍是透明的。因為如此，外面的光線就會射入眼中，讓眼睛裡面變亮。於是，就可以看見網膜，而網膜看起來是紅色的，是因為裡面有許多血管。

紅眼睛的家兔毛色之所以是白色，也是由於牠們身上幾乎不具黑色素，所以毛也不會有顏色。

要附帶說明的是棲息在雪國的野兔類中的雪兔，在夏天時的毛是褐色的（夏毛），到了冬天將近時就會換成白色的毛（冬毛）。這種毛的顏色稱為「保護色」，讓牠們不論是夏毛或是冬毛，都能夠讓敵人不容易看到牠們，藉此保護自己。

雪兔的毛色變成全白，並不是因為缺乏黑色素，所以眼睛的顏色還是保持黑色。

白色家兔

・眼睛紅
・毛色全年都是白色
・是人類培育出的品種

雪兔

・從春天到秋天
毛色是茶色的

・眼睛的顏色偏黑
・只有冬天時是白毛

動物為什麼會冬眠？

只要到了冬天，很多動物就會減少活動，或是多多休息。這種現象稱為「冬眠」。可是，動物為什麼要冬眠呢？

其實，動物的冬眠，跟植物的過冬方式很有關係。

到了秋天，為了要過冬，很多植物就會落葉或落果。等冬天一到，平常以葉子或果實為主食的動物們就會很難找到食物。在這種時候，為了讓自己不吃東西，或是只靠一點點食物就能活下去，動物們

就盡量不動、不消耗能量；選擇在冬季休息，這就是冬眠。藉由冬眠，動物即使是在非常寒冷、沒有食物吃的地帶，也能夠繼續生活。

依動物種類的不同，冬眠的方式也各有千秋。

哺乳類屬於「恆溫動物」，不管氣溫如何，總是保持一定體溫。

話說回來，像日本睡鼠或是花栗鼠等小型哺乳動物，雖然平時的體溫

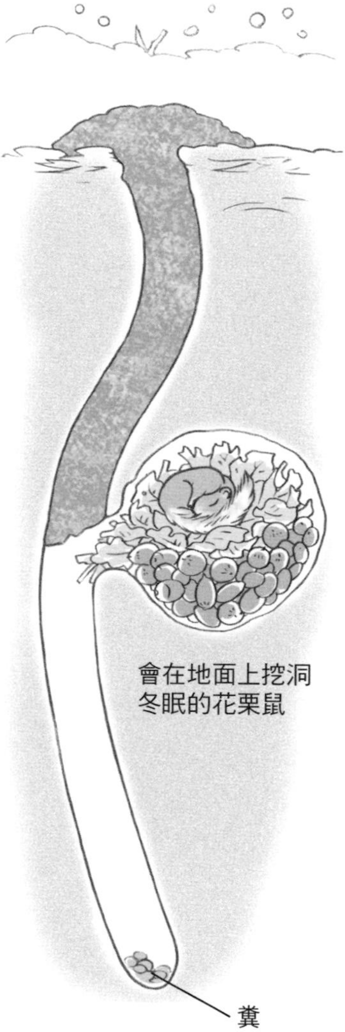

會在地面上挖洞
冬眠的花栗鼠

保持一定，但是在冬眠期間，體溫卻會降到相當低。日本睡鼠的體溫可以下降到接近攝氏零度左右。由於牠們幾乎不會消耗能量，所以能夠很長一段時間不吃東西。

此外，熊也是會冬眠的動物。不過熊冬眠時跟睡鼠或松鼠不同，牠們的體溫只會比平常低一點而已。由於熊的身體大，需要吃很多食物才能維持體力。可是在食物不足的冬天，若是為了尋找食物而到處走來走去，反而會消耗掉更多的能量，那還不如乾脆不要動算了。這就是熊的冬眠方式。

所以有人認為與其說熊這種行為是冬眠，還不如說是在「過冬」。實際上牠們在冬眠中是醒著的，也會在這時生小孩。被飼養在

在雪中冬眠的日本睡鼠

動物園裡，不需要擔心食物來源的熊就不會冬眠。

像蜥蜴或龜等爬蟲類、青蛙等兩棲類是屬於「外溫動物」，由於氣溫下降體溫就會跟著下降，沒辦法自己調節體溫。所以牠們在冬天幾乎動彈不得。直到溫暖的春天到來，變溫動物們都會在土裡冬眠。

科學大驚奇

章魚是天才！

在講到聰明生物的時候，你會想到什麼呢？像黑猩猩或海豚、烏鴉等都很有名吧。不過出人意料的，其實還有一種生物是以「頭腦很好」聞名。

答案是章魚，很驚訝吧。被用來做壽司、章魚燒的章魚，外表看起來很逗趣，經過研究之後，卻發現牠們具有非常高的智能。

測量智能的標準有很多種，為了要調查章魚的智能，科學家們

做了下面的實驗。

把章魚（真蛸）最喜歡吃的螃蟹放進有蓋子的瓶子裡關緊，再把瓶子放進章魚的水槽裡。假如章魚想要吃螃蟹的話，就得要把蓋子轉開才行。章魚會怎麼做呢？

起初，章魚會緊抓著瓶子，或是把它滾來滾去，不過牠沒辦法把瓶蓋打開。

接著，把瓶子從水槽裡拿出來，在章魚看得見的地方，把瓶蓋打開。

章魚盯著東西看的時候，眼睛周圍的顏色會改變。在實驗過程中發現章魚緊盯

著打開瓶蓋的方式看，眼睛周圍的顏色也不斷的變紅變黑。

重新把關緊瓶蓋的瓶子放進水槽裡。有趣的事情發生了。章魚用腳轉呀轉的就把瓶蓋給打開，拿出螃蟹來吃。章魚只用眼睛看過就學會了打開瓶蓋的方法，後來，牠一拿到瓶子就能立刻把瓶蓋打開。

據說經過實驗確定，具有這種能力的動物只有章魚而已。就連黑猩猩或紅毛猩猩等跟人類親緣很近的猿類，也很難做到。章魚只用眼睛看過一次，就能夠連結做出對自己有用的行為。

章魚不只用這種能力取得食物，也用來防範敵人、保護自己。

還有這樣的實驗。把章魚（白疣蛸）放進比牠大的兩隻烏賊水槽裡，章魚居然會模仿牠們的樣子，假裝自己是烏賊。

看到附近有比自己大的烏賊，而且還有兩隻，感到危險的章魚，會為了要保護自己而努力的假扮成烏賊。烏賊剛好也受了騙，沒有發動攻擊。

在海中也會發生類似的事情。例如章魚（真蛸）在遇到海

蛇等天敵的時候，會把外形變得跟對方一模一樣，想要欺騙敵人的眼睛。據說不只是形狀，就連顏色和游泳方式也都學得很像。

這是「擬態」，在自然界中保護自己的行為，在昆蟲裡經常可以看到，不過章魚也會做這類的擬態。章魚的擬態跟昆蟲有所不同，牠主要是利用眼睛去捕捉對方的特徵。

據說被飼養在水槽裡的章魚，能夠辨識飼主的臉。只要今後持續進行研究，也許就更能瞭解章魚的能力了喔。

植物和昆蟲的故事

獨角仙和鍬形蟲會長到多大？

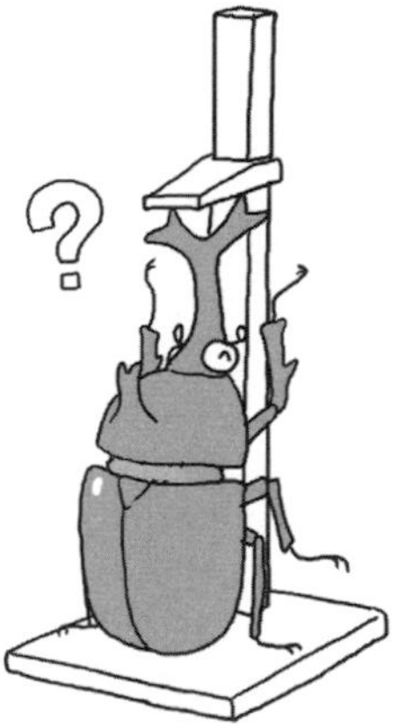

你有沒有養過鍬形蟲或是獨角仙呢？牠們在大自然裡是以吸食樹的汁液維生。飼養的時候，用蘋果或飼養用的果凍餵食也可以。看著牠們幾乎一整天都吃個不停的樣子，應該有人會一邊期待牠們快快長大，一邊猜想牠們到底可以長多大。

很遺憾的，鍬形蟲和獨角仙長到一定程度以後，就不會再繼續長大了。昆蟲的身體裡面沒有脊椎骨，而是由身體外側的硬殼在支撐牠們。也因為如此，昆蟲只有在皮蛻掉之前可以成長。把皮蛻掉的行為稱為「蛻皮」，只要變成成蟲，就不會再蛻皮了。

不管是鍬形蟲或是獨角仙，成蟲的體型大小，都是從幼蟲時期可以攝取到多少養分來決定的。不光只是身體大小而已，雄性獨角仙角的長度、雄性鍬形蟲的顎部形狀或大小，也都會依幼蟲時期的營養而改變。

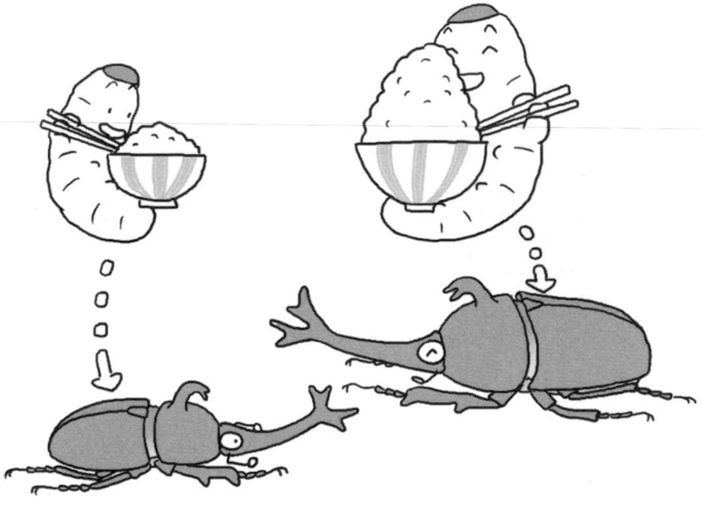

只不過不管給幼蟲多少營養，牠們長大的幅度還是有一定的限制，這種限制會因種類不同而有差異。例如日本的獨角仙最大只到七公分，日本鋸鍬形蟲也只能長到七．五公分。

至於分布於南美的長戟大兜蟲曾經有過十八公分的紀錄。以鍬形蟲來說，世界最大的是分布於東南亞的長頸鹿鋸鍬形蟲，有十二公分。

長頸鹿鋸鍬形蟲

螞蟻很認真工作嗎？

只要看看地面，就會看見很多螞蟻到處走來走去，或是拖著看起來很重的食物。大家看了應該都會覺得牠們工作得好認真。

在《伊索寓言》中，也把螞蟻塑造成很認真工作的角色。不過實際上又是如何呢？

工蟻是從蟻后產的卵中孵化的。工蟻的工作，除了照顧卵和幼蟲、蛹以外，還要服侍蟻后、擴建或是修理蟻窩、出外覓食並且帶回

食物。

不過光是這些工作，也花不了牠們一天的時間。其實也有不少工蟻什麼也不做，只是在休息而已。

在外面排隊搬運食物的，是上了年紀的工蟻。年輕的工蟻待在巢裡工作，等年紀大了就到外面出勤，這在螞蟻的社會中是很普遍的。從研究結果得知，在外

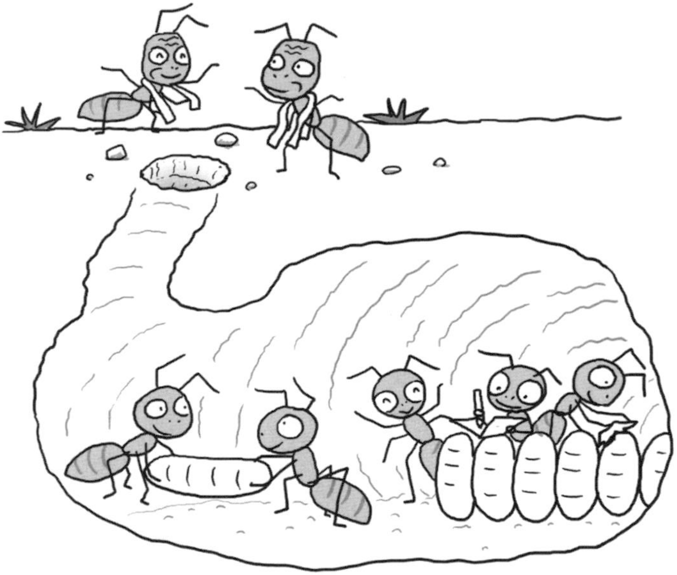

面活動的工蟻，最多只占全部工蟻的百分之五。而且在豔陽高照的夏日午後，工蟻們也經常躲在陰涼處休息。

工蟻工作最忙的時期，是從春天到夏天之間的幼蟲成長時期。過了那段時間，工蟻什麼都不做的情況還是比較多。

也有完全不工作的螞蟻喔！就是分布在日本本州以

南的佐村悍蟻。佐村悍蟻的兵蟻，會集體襲擊日本山蟻的巢，奪走牠們的蛹，搬回自己的巢裡。然後讓孵化的日本山蟻成為工蟻，來照顧自己的一切生活起居。

世界上有超過九千種的螞蟻，生活方式五花八門，只要查一查就會發現牠們的有趣之處。然後你也許就會發現，原來工蟻的生活，跟我們原本想像的認真工作模樣有一點距離喔。

水黽為什麼會停在水上？

在池塘或靜水、流速慢的小河常見一種昆蟲──水黽，牠們會很悠哉的在水面上滑來滑去。牠們到底在做什麼呢？讓我們來仔細觀察一下。

原本停在旁邊草上的小蟲，突然掉落到水面上。牠「啪呀啪呀」的揮舞著腳在掙扎。水黽會馬上改變方向，像是溜冰般的接近，而後用前腳抓住小蟲、把尖銳的口器湊過去、吸食牠的體液。

水黽停在水上的理由，就是想要吃那些掉到水裡的蟲子。

昆蟲會分布在各種不同的地方。由於水面上比較不會受到其他昆蟲的干擾，對水黽來說這是絕佳的覓食場所。

但是，為什麼水黽能夠馬上感覺到有昆蟲掉到水裡呢？

原來水黽可以用腳尖來感覺水面上的細小波紋，所以只要有小蟲在動，牠們馬上就能夠察覺

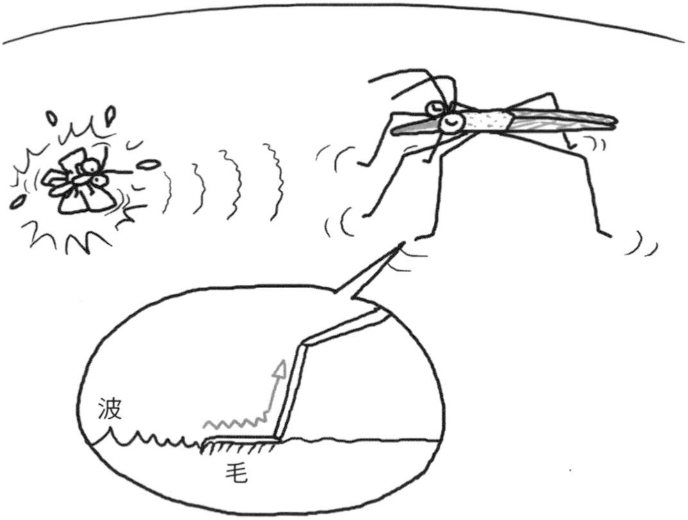

到水面的晃動了。

水黽的腳上還有其他的祕密。那就是大量的細毛。由於這些毛能夠防水並增加表面積，使水黽可以浮在水面上，像溜冰般的移動身體。

要是沒有這些毛的話，水黽就會沉到水裡了。由於水黽無法在水中呼吸，只要沉到水裡就會淹死。

每種生物的身體機制，都是最適合牠們生活場所的。

為什麼椿象很臭？

你有沒有聞過椿象的氣味呢？雖然牠是以會發出臭味而被大家嫌棄的昆蟲，不過有真正聞過那個味道的人，應該很少吧。

我們平時說的椿象，是很多種類的總稱。牠們大致上可分成吸食草葉或果實汁液的椿象，以及吸食其他昆蟲體液的椿象兩大類。會發出臭味的椿象，是以植物為食的椿象。

這一類椿象身上，有釋出氣味的孔洞。雖然在幼蟲時期背側有

長三個洞，不過變成成蟲後，僅在胸部剩下兩個孔洞。這些孔會發射出特別的化學物質。

臭味對椿象本身也是有害的，要是把椿象關在充滿這種氣味的容器裡，牠們很快就會翻過身而且變得動彈不得。

那麼，椿象為什麼會發出這樣的氣味呢？答案是為了要被其他動物厭惡。也許你會覺得被討厭並不是一件好事，不過對昆蟲

來說，這樣會讓牠們不會被鳥或蜥蜴等敵人吃掉。

椿象並不會一直發出臭味。牠們只有在受到攻擊或是被刺激時才會發出臭味。只要釋放出這種氣味，附近的其他椿象也會知道有危險，一起飛走逃避。

不管是實際聞過椿象氣味的人，或是沒聞過但知道那個味道很臭的人，應該不會自己沒事去抓椿象吧。

以植物為食的弱小椿象，就是靠著發出臭味來保護自身的安全。

為什麼蕃茄是紅色的？

在歐洲有一句俗諺說：「蕃茄紅了，醫生的臉就綠了」。意思是說，蕃茄是對身體很好的蔬菜，只要吃它就不會生病，多吃蕃茄醫生就沒有必要出場了。

我們平常吃的蕃茄果實，呈現出漂亮的紅色。不過蕃茄在成熟之前，果實和葉子都一樣是綠色的。這是因為果實和葉子都有富含「葉綠素」的「葉綠體」，所以看起來是綠色的。

葉綠素能夠藉由太陽光和從根部吸上來的水，結合空氣中的二氧化碳，製造出糖分及澱粉等物質，這些養分可以讓蕃茄的果實、莖葉變粗變大。

但是到了果實長大，種子形成以後，葉綠素就開始崩解。另一方面，稱為「茄紅素」的紅色色素則逐漸增加。所以，隨著蕃茄漸漸成熟，果實也就會跟著慢慢變紅。

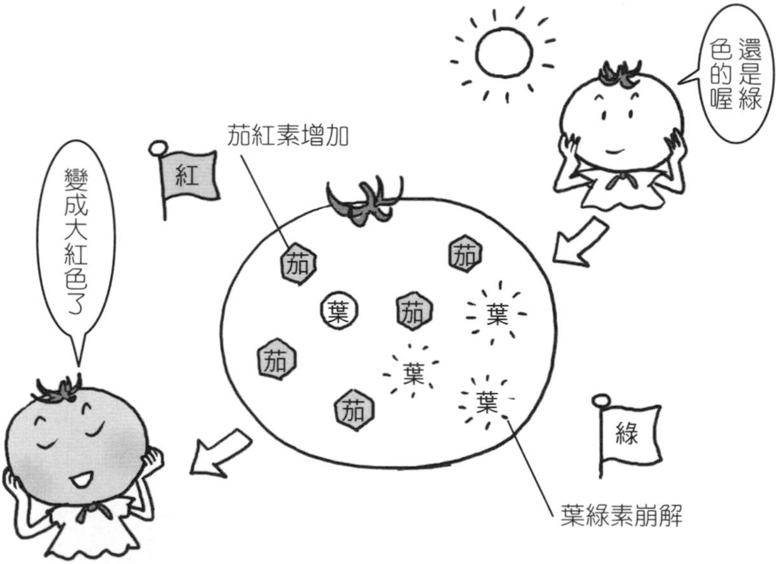
還是綠色的喔
茄紅素增加
紅
茄
葉
綠
葉綠素崩解
變成大紅色了

一般認為，蕃茄變紅了以後，比較容易讓動物找到，也很容易被動物吃下肚。由於植物沒辦法自己移動，讓鳥類等動物吃掉果實，然後讓種子在別處隨著糞便排出，如此可以擴大植物的生長範圍。

紅色的成熟蕃茄營養滿分，不只富含鉀、鈣、鐵等礦物質，茄紅素還具有預防生病的效果。

櫻花和玫瑰花是親戚嗎？

櫻花只要到了春天，被形容成吹雪的花瓣就會像雪片般飛舞飄落。玫瑰則是花瓣厚實美麗，而且香味濃郁。不論外觀或是給人的印象都截然不同的櫻花與玫瑰，在植物分類上卻同樣屬於薔薇科。

看到玫瑰花的時候，會覺得玫瑰的花瓣好像比櫻花多很多，那是經過很多品種改良的結果。野生玫瑰的花瓣是五瓣，而薔薇科植物的特徵，通常是五瓣花瓣、有很多雄蕊、而且花瓣會一片片分開。梅

花跟草莓等也都是薔薇科。

植物的親緣分類就像這樣，會根據花或葉子、根的形狀、基因等資訊來進行。

一般認為，現在全世界的植物種類大概有二十萬種，而且這個數目還在年年增加。

例如櫻花，最基本的野生櫻花只有十種，經過自然變化，或是人工的培育，就產生了兩百種以上的新種類。也就

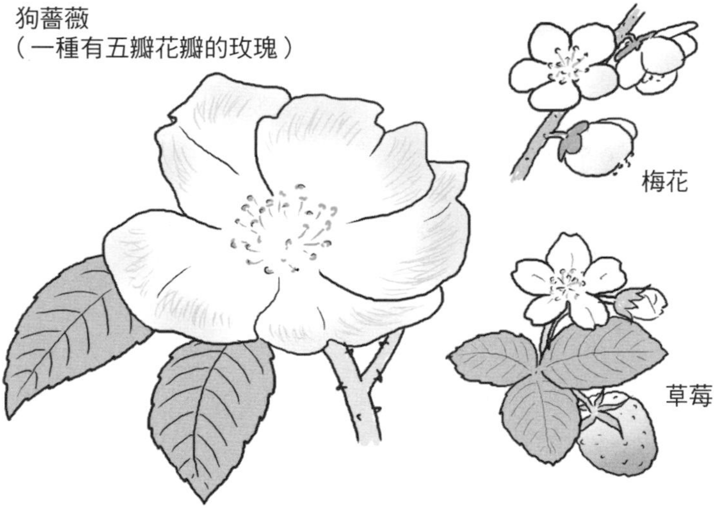

是說，和玫瑰同類的植物種類增加了。其他植物也同樣有類似的情況發生。

今後我們應該還可以繼續看到各種從來沒見過的新花種！

樹真的可以活一千歲嗎？

你聽過「屋久杉」嗎？在日本鹿兒島縣的屋久島上，年齡超過一千年的杉樹，就被稱為「屋久杉」。

日本最長壽的樹，據說是一棵樹齡被推定為三千年的屋久杉。樹幹周圍有十六點四公尺、高度為二十五點三公尺，也是日本尺寸最大的樹。由於它被認為是從日本繩文時代生長到現在，所以也被稱為「繩文杉」。（編註：繩文時代，是日本石器時代後期，大約是一萬年

以前到西元前一世紀前後的時期。）

樹木能夠長壽，是因為位於樹幹中的「形成層」，能夠不斷製造出新細胞。死掉的細胞就留在樹幹中央。由於樹幹中大部分是死細胞，樹木活用這一點，反而能夠活得很長久。

只不過並不是所有的屋久杉都能夠活上數千年。樹木能否活得長，是根據生長場所中的土壤成分、土壤厚度、氣溫、日光的照射方式等環境條件來決定。所以即使是同種類的樹木，也不一

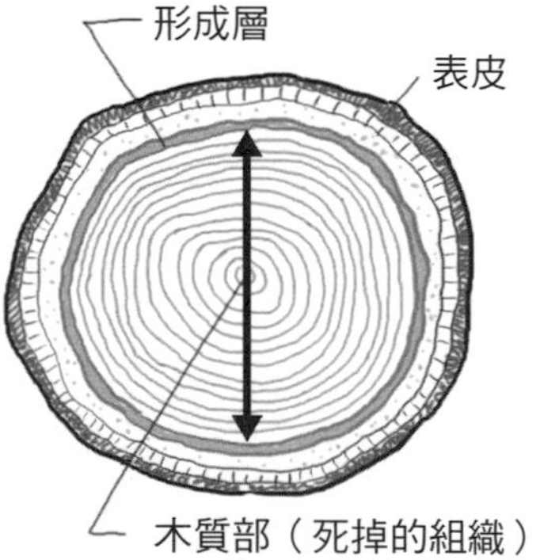

定會有同樣的壽命。

此外，也不是所有的樹木都能夠長生不老。一般來說，跟屋久杉同類的松樹或杉樹，這一類具有細長葉片的「針葉樹」大多很長壽。但是像柿樹或桃樹、栗樹等都不會長到很大，樹的壽命最多只有十幾年到幾十年，幾乎沒有能夠活過一百年的。

雖然樹木還活著，要確認樹齡並不容易，不過可以依照年輪，或根據樹木裡的「放射性碳含量」來進行推測。

一般認為不管樹木怎麼生長，大概也只能活到五千年。但是稱得上世界最長壽的樹木——瑞典的「挪威雲杉」（別名世界爺），這種松樹據說有樹齡超過八千年的呢！

挪威雲杉

科學小傳記

努力探究人類進化的

達爾文（一八〇九年～一八八二年）

以美麗的水與綠意聞名的英國城鎮舒茲伯利，在鎮上有一座很大、很雄偉的宅邸，那就是「達爾文宅」。一八〇九年，查爾斯・達爾文在這裡出生。

他的父親是很優秀的醫生，祖父是寫了許多著作的傑出科學家。但是少年時代的達爾文，卻和爸爸、爺爺很不一樣。雖然他進了大學的醫學院，卻覺得老師上課的內容很無聊，聽不下去。

「什麼，接下來要練習動手術？我不喜歡看到血耶！」

於是他翹課了。個性溫和、有強烈好奇心的達爾文，比起上醫學課，他更喜歡在戶外觀察蟲子、鳥、石頭或貝類。

「你不適合當醫生。那你當牧師好了。」

聽了爸爸的話，達爾文為了要當教會的牧師，就到別的學校念書。他的心中雀躍萬分，因為有很多牧師都會在工作之餘，研究動物或植物。

「您要去調查化石嗎？老師，請您一定讓我隨行吧。」

達爾文也是一邊學習怎麼當牧師，一邊熱中於在外面觀察化石或生物。畢業之後，原本應該開始當牧師的達爾文，在一八三一年的某個夏日，發生了一件改變他命運的事情。

契機是一封來信。

『英國這次要派遣一艘船出海，繞行地球一周。目的是要測量與調查全世界的土地地形。』

這封信是由牧師學校的老師寫來的。

『船長想要一位能夠在漫長的旅程中

當他談話對象的人，所以我就向他推薦了你。達爾文，這是能夠調查全世界生物的難得機會，應該也不會再有下一次了，你一定不能錯過啊。』

於是，在一八三一年十二月，二十二歲的達爾文就這樣往大海出發。

小獵犬號這艘繞行世界一周的船，大概跟二十五公尺的游泳池差不多大。船上擠了七十多人，實在是擁擠不堪。房間很小，又塞滿了旅客的行李，有時候連睡覺的地方都沒有，

只能睡在吊床上。而且達爾文居然還會暈船！直到上船兩個多月以後，眼前的美麗風景才讓達爾文忘卻了自己的不舒服。

那是南美洲的熱帶雨林。船已經離開英國很遠很遠了。

「這裡的植物種類真是多啊。不論是花或葉子的顏色都很鮮豔，簡直就是天堂嘛！」

登上陸地的達爾文看得眼花撩亂、心花怒放。他每天不是收集了幾十種獨角仙，就是在觀察鳥類。當他更往內陸前進時……

「這是什麼？地上有好多我從來沒見過巨大頭骨呢。」

那是已經絕種的大地懶化石。到了更南的地區，還發現了跟駱馬很像的巨大動物化石。

「真是令人難以置信。原來從前曾經有過這麼大的動物啊。」

他愈來愈期待了。不過另一方面，他的腦中也開始浮現了各種疑問。

「現在明明還有普通的樹懶跟駱馬，為什麼巨大的樹懶和駱馬卻不見了呢？」

「小動物存活下來，大型動物卻死光了。是什麼原因造成的呢？」

船再繼續往南行。達爾文在智利這個國家，看到了大地震以後的光景。以前曾經是海底的部分隆起，埋有貝殼的地層像高山般的突出在地表之上。

「好厲害啊！原來地球的表面是這樣變化的。這麼說來，生物不是也應該會受到地震影響嗎？」

他的腦中充滿了好多好多的「為什麼」。
後來他看到被人們稱為「魔法之島」的風景，就是主要由十九個島形成的加拉巴哥群島。
在佈滿尖銳粗硬火山岩的黑色海岸上，只有矮樹跟仙人掌能夠生長。那裡是位於太平洋正中央，被遺忘、乾燥的大地島嶼，有很多以加拉巴哥陸鬣蜥和海鬣蜥為首的奇怪生物棲息。
「也有好大的烏龜啊……」
那是象龜。雖然每個島上都有象龜，但

是當地人只要看一下甲殼的形狀，就分辨得出那是哪個島的象龜。而達爾文仔細觀察之後，也確實能夠知道甲殼的形狀是因島而異。

「明明就是同一種生物，為什麼形狀會有一點點不一樣呢……？」

達爾文的「為什麼？」不停的增多，他把航海中收集到的生物標本及化石全部打包，一一寄回英國。經過了五年的歲月，小獵犬號才終於回到英國。

「達爾文啊，這實在是太棒了。你寄回來的標本跟化石可是大受

好評呢。」

牧師老師告訴達爾文，他所收集到的標本，交給專家整理後，結果發現全都是很稀有的東西。達爾文為了找出在旅行中產生的疑問解答，也把標本重新看了一遍。

「咦？這是什麼啊？」

在看到其中一項標本時，他吃了一驚。他覺得好像找到了解答疑問的線索。

那是在加拉巴哥群島所找

到的地雀。

他找到了十三種地雀。雖然牠們的身體顏色跟形狀都很相似，但是喙部的形狀卻是因種而異。因為喙部的差異，牠們吃的食物也都不一樣。例如喙部粗的地雀是吃堅硬的核果，喙部細長的地雀則是吃細長的蟲。具有中型喙部的地雀，則是吃小型樹果。

「會不會是原本相同的喙部，為了進食不同的食物，歷經長遠的時間後產生了變化呢？」

達爾文回想起象龜。

吃不同食物的地雀有不同形狀的鳥喙

「象龜的甲殼也是原本形狀相同，卻隨著島嶼的形狀起了變化，變成每個島特有的象龜。要是地雀也配合島嶼的環境，而讓喙部的形狀起變化的話……這可是個重大發現呢。」

達爾文的心中在歡唱。

「可是還不知道究竟對不對。為了讓我的想法能被接受，還得再找到更多的證據才行。」

達爾文開始動工了。從下船以後，他就開始了名為「研究」的漫長旅程。他寄了數百封信給全世界的旅行者跟科學家，拜託他們寄標本來，或是拜訪培育蔬菜跟花草的人，他自己也試著栽種看看。二十九歲的時候，達爾文從一本經濟學的書上得到了啟發。

「根據這本書上的說法，只要人數增加，食物就會不夠。只有獲得食物的人才能夠存活下來……。」

達爾文不停的思考。

「這應該也可以套用在動物身上吧。生物們在為了食物彼此競爭的嚴酷戰鬥中，只有勝者才能生存。」

由於地震或是火山爆發，地球的環境經常會起變化。只有能配合環境變化且獲得食物的個體能夠存活，並把生存的能力傳給子孫。加拉巴哥群島的地雀喙部，可能也是顯示出，有具有能夠方便取得該場所食物的個體，才能存活下來。

「對了，在生長大型樹木果實的地區，具有大型喙部才容易取得食物，所以具有大型喙部的地雀殘存下來的比率會比較高。然後那個地區只剩下具有大型喙部的地雀，生下來的後代也都是具有大型喙部的地雀……這是新種的誕生！」

達爾文大聲的說：

「對了，那就是演化！」

二十年之後，達爾文調查了無數的標本，也收集到簡直可以編成一套百科全書的證據。

到了一八五九年，他出版了一本名為《物種起源》的書，足足有六百頁那麼厚。那本書立刻賣光光，成為暢銷書。

「達爾文啊，你的『世紀大

發現』在大學引發了很大的討論呢——」

這是因為在當時，大家一直都被教導「生物全部都是從最初誕生開始，就沒有產生過變化」。而達爾文的說法：「不論人或猴子，都是只要回溯到最初，大家都源自於相同的祖

先，然後到了某個時期，為了要配合環境活下來，人才與猴子分道揚鑣。」由於實在是太過驚世駭俗，沒辦法被人接受。

「把人類跟猴子那樣野蠻的生物相提並論，真是莫名其妙！」

很多人忿忿不平的說。

不過在引發爭論的一年後，在德國發現了能夠連結爬蟲類與鳥類的生物化石，讓贊成達爾文的「演化」想法的科學家人數逐漸增加。但是，達爾文並不因此而滿足，為了要解答新的疑問，他到七十三歲過世以前都不停的繼續做研究。

研究演化的科學家們，也開始有了像「除了達爾文的想法以外，應該也還有其他讓生物發生變化的原因吧」般的想法。達爾文的學說，成為思考演化時的契機。隨著現在的基因或是細胞等研究的發達，「演化論」有了更多的進展。

達爾文帶領我們走向探究生物之謎的旅程，現在也還有許多的科學家們正在持續不停的努力。完

生活中的故事

為什麼麻糬會變硬也會變軟？

你有沒有吃過剛做好的麻糬呢？剛做好的麻糬很軟，可以很輕鬆咬斷。雖然放了一陣子以後，麻糬會冷掉變得硬梆梆，但是只要再烤過以後就又會變軟。為什麼會產生這種變化呢？

麻糬是由「澱粉」這種營養成分做成的。雖然澱粉並沒辦法直接吃，不過只要加水加熱，澱粉粒子就會吸水膨脹，產生黏性並且變軟，變得可以食用。這種吸收了水的澱粉狀態稱為「α澱粉」。

當麻糬冷掉，水分從澱粉中釋出，又回復到不能吃的狀態。這種狀態稱為「β澱粉」。

那麼，把變硬的麻糬拿來烤，為什麼會變軟呢？

那是因為即使麻糬已經變乾變硬，裡面還是殘留少許水分，所以只要加熱就能夠讓水分回到澱粉中，又變成軟軟黏黏的α澱粉。

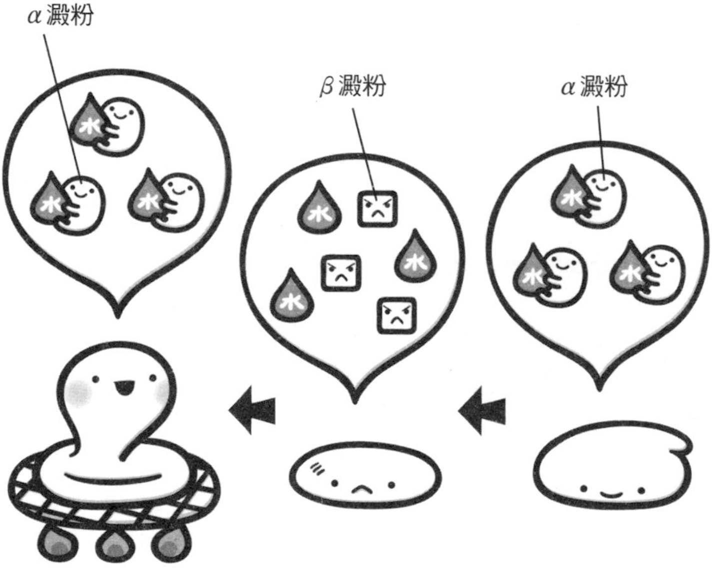

像泡麵或是義大利麵等麵類，也是只要用水煮過，讓β澱粉變成α澱粉，就能食用了。

而杯麵則是將蒸過的麵用特別的方法乾燥處理，讓α澱粉保持原狀，所以只要加開水就可以吃了。

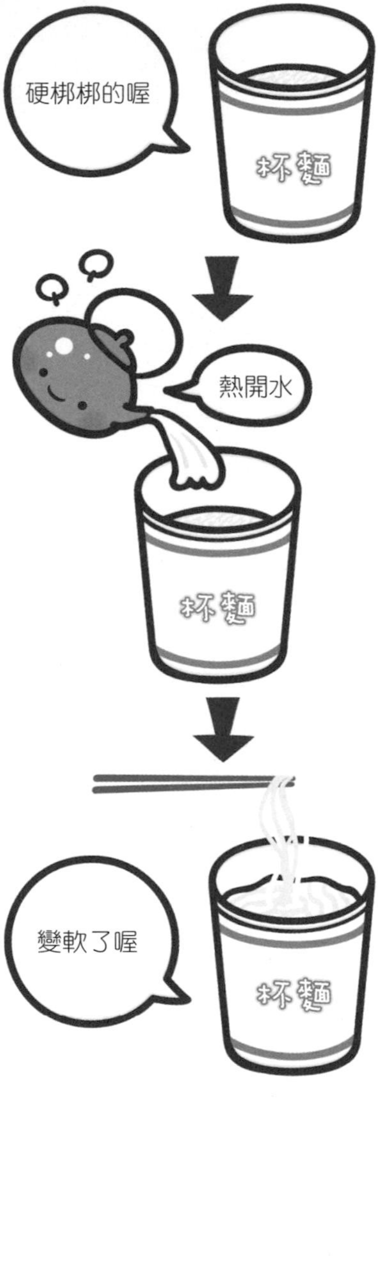

蒟蒻是什麼做成的？

關東煮或是味噌豬肉湯裡會添加的蒟蒻，吃起來ＱＱ的、很耐嚼、很有彈性，是一種很奇妙的食物。當你聽說原來蒟蒻的原料是一種芋頭時，有沒有覺得很不可思議呢？

而且蒟蒻有個像芋頭的名字，叫做魔芋，果然和芋頭有關。

魔芋雖然跟芋頭同類，但是魔芋即使直接煮熟，吃起來也只會讓嘴巴裡感到刺痛、苦澀，沒辦法下嚥。那麼到底該怎麼做，才能讓

它變成好吃的蒟蒻呢？

要做出好吃的蒟蒻，必須先煮過或燙過，再磨成粉。經過加水加熱以後，就會變成黏黏稠稠，像漿糊般的東西。

那是蒟蒻的主要成分「葡甘聚糖」這種食物纖維，吸水膨脹之後的產物。

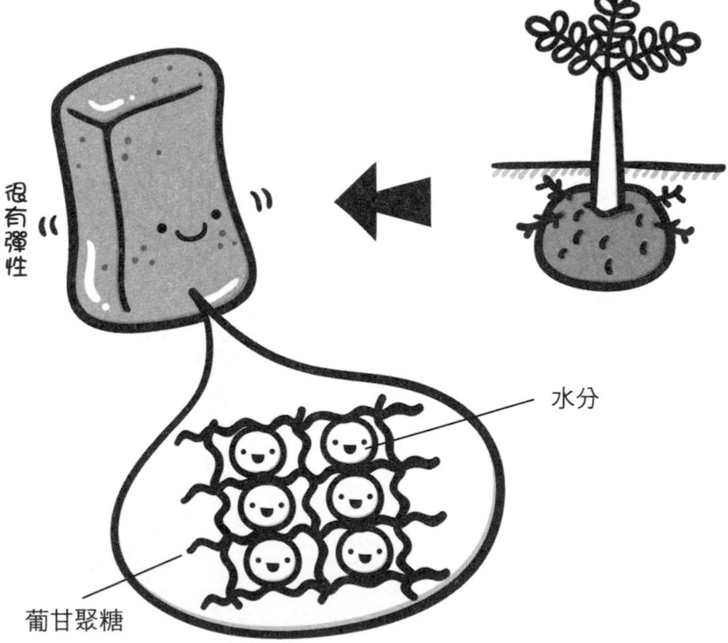

在已經變成黏稠狀的東西中，加入氫化鈣或是碳酸鈉攪拌，而後葡甘聚糖就會彼此交纏在一起，以網狀結構相連。由於變硬後水分會被包在網目之間，因此可以產生很有彈性的嚼勁。

把凝固的物體加水煮過、泡在冷水裡，令人刺痛苦澀的物質就會消失。如此，大家熟知的蒟蒻就做好囉。

雖然包含在蒟蒻中的葡甘聚糖幾乎沒有營養，但是由於整塊蒟蒻都是由食物纖維所組成，所以具有調整胃腸的功用。

為什麼火燄會有不同的顏色？

柴火和蠟燭的火燄是紅色的，但是廚房裡的瓦斯爐，或是做化學實驗時使用的瓦斯槍，火燄卻是藍色的。同樣都是火燄，為什麼顏色會不一樣呢？

柴火和蠟燭燃燒的時候，都會產生細小的碳灰。由於這些碳灰加熱後會發出閃爍的紅色，所以蠟燭和柴火的火燄看起來是紅色的。

而另一方面，瓦斯爐或是瓦斯槍則是燃燒「甲烷」氣體。甲烷

與氧結合產生化學反應，因此就讓瓦斯爐的火燄看起來像藍色的了。

不過你覺得瓦斯爐的火燄及蠟燭的火燄，是哪一邊比較熱呢？

答案是瓦斯爐的火燄。由於已經事先把甲烷和空氣混合在一起，在燃燒的時候又使用了充分的氧氣，所以能夠以攝氏一千五百度左右

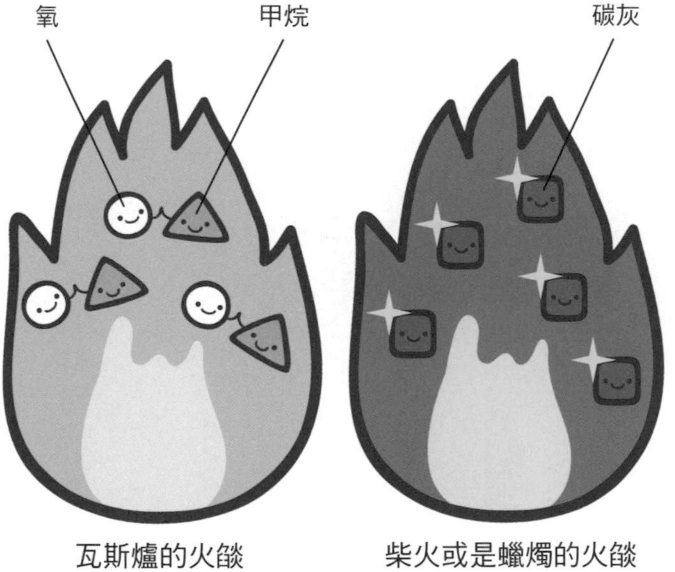

瓦斯爐的火燄　　柴火或是蠟燭的火燄

的高溫很安定的持續燃燒。

而另一方面，柴火及蠟燭的火燄則只有外側會接觸到空氣，氧氣不足，於是火燄的溫度也就變低、產生碳灰。

同樣的道理，星星也是因為表面溫度不同，而呈現出不同的顏色。紅色星星的表面溫度低、藍白色星星的表面溫度高。雖說如此，紅色星星也有攝氏三千度左右。像太陽般的黃色星星大約為六千度，到了藍白色星星則是在一萬五千度以上。

為什麼紅茶加入檸檬以後顏色會變淡？

在喝紅茶的時候，常會加一、兩片檸檬切片吧。要是把這片檸檬放進紅茶裡，紅茶的顏色就會突然變淡。

這到底是為什麼呢？

紅茶之所以會呈現紅色，是因為含有稱為「茶紅質」的紅色物質。茶紅質若是跟酸性物質結合，顏色就會變淡。

這下子你了解紅茶加了檸檬，顏色就會變淡的理由了吧。

紅茶會變色的答案是因為檸檬汁屬於酸性，而茶紅質會和檸檬中含有的檸檬酸或是磷酸結合，讓顏色變淡。

雖然紅茶和日本茶的顏色與味道截然不同，其實都是用同樣的茶樹葉子作為原料製成的。

日本茶是把茶樹的葉子先蒸過再揉捻而成。紅茶則是把茶樹的葉子蒸過以後，放在溫暖的場所讓它產生發酵變化。這個時候

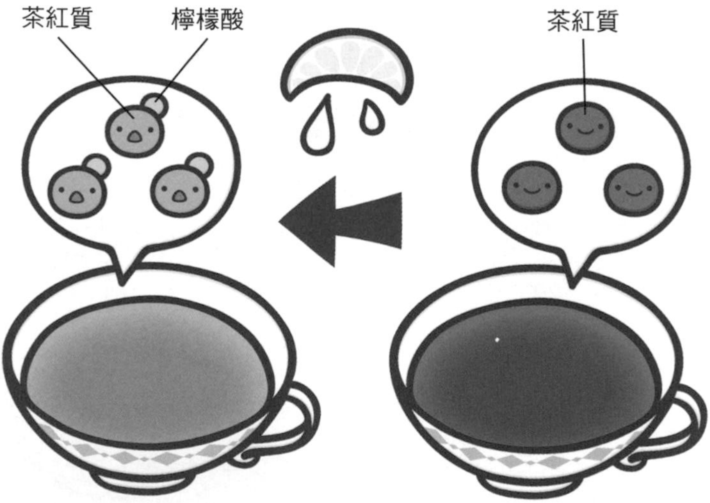

就會形成茶紅質，變成紅色。
日本的抹茶跟烏龍茶也是
用同樣的茶樹葉子做成的。

全部都是由茶樹的葉子做成的！

為什麼可以在ＣＤ上看到彩虹的顏色？

當光線照射到ＣＤ的銀色面，會看到像彩虹般的各種顏色閃爍。為什麼會這樣呢？

ＣＤ是由銀色的鋁質薄膜，及透明的塑膠板貼合而成的。在鋁質薄膜上以千分之一公釐左右的間隔，刻著許多非常細的溝槽。

這些溝槽是用來置放音樂等數據的，溝槽的長度就是音樂數據的容量。ＣＤ播放器就是用雷射光照射溝槽，讀取數據，再轉換成

音樂。

正是在這些溝槽中，隱藏著讓CD看起來很閃亮的祕密。

光在通過眼睛所看不見的狹窄縫隙時，具有從細縫擴散前進的性質。

當光照射到CD的狹窄溝槽並被反射回來時，也會發生跟通過縫隙時一樣的狀況。光從溝槽被反

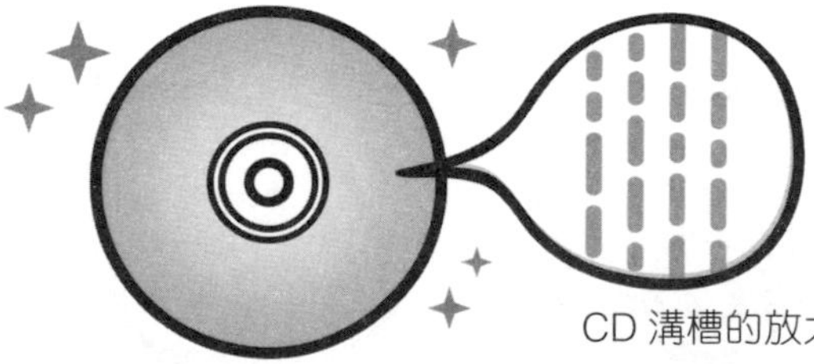

CD 溝槽的放大圖

射回來的時候，就會從那裡擴散開來（色散）。

當很多溝槽排列在一起，擴散的光就會相互重疊。由於光是由各種顏色的光混合在一起，依光的顏色不同，重疊的部位也會有所不同，就讓CD看起來有很多顏色了。

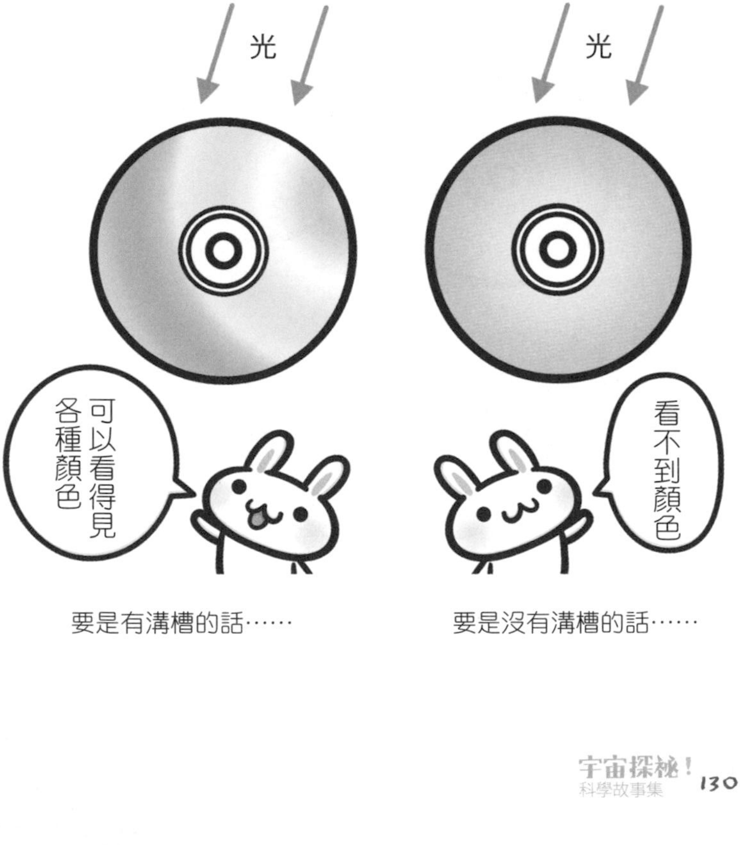

鑽石要怎麼雕琢？

世界上最堅硬的東西是什麼呢？知道答案的人應該不少，那就是鑽石。

鑽石除了被用來製作飾品之外，還可以利用它的硬度來切割、削琢玻璃或金屬，已被廣泛使用在各方面。

鑲在戒指或是項鍊上面的鑽石，形狀被雕琢得很漂亮吧。鑽石若是沒有被細心雕琢的話，就不會發出燦爛的光芒，也沒辦法顯示出

寶石的價值。

可是，鑽石不是全世界最堅硬的東西嗎？那麼，到底要用什麼東西，才能夠切割、雕琢呢？

答案是鑽石的粉。

在迴轉輪盤的表面塗上鑽石的粉和油，再把鑽石壓在那上面，就可以開始進行切割跟雕琢了。

鑽石粉是把不能製成飾

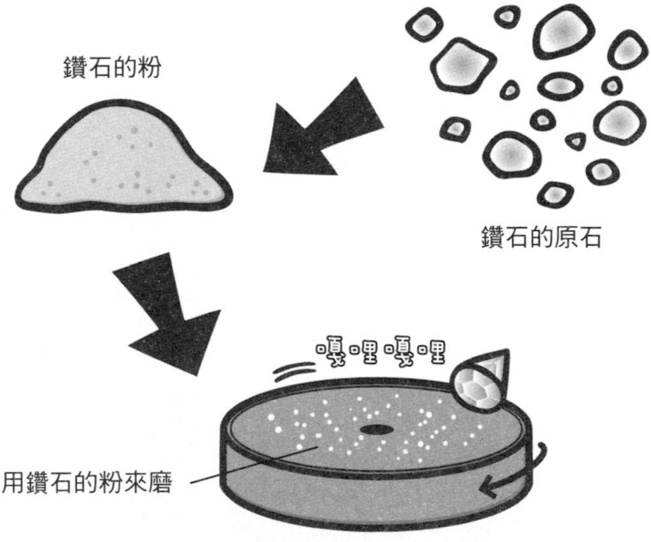

品的低品質鑽石原石，或是人工製造的工業用鑽石磨碎製成的。

但是，要怎麼把堅硬的鑽石給磨成粉的呢？

其實鑽石是「碳」這種元素的結晶。由於結晶是物質依照一定的規則排列而成，所以具有會朝某個方向斷裂的特性。即使是全世界最堅硬的鑽石，只要朝著容易斷裂的方向敲，就能夠把它敲碎。

最近也會用雷射光來切割鑽石的原石，或是在鑽石上鑽洞。假如使用鑽石粉來做這件事的話，要在厚度一公釐的鑽石上打洞，需要花上好幾小時；雷射光是把高熱集中到很小的區域，所以只要一秒鐘左右就可以把洞給打穿了。

玻璃溫度計的指標為什麼會伸長縮短？

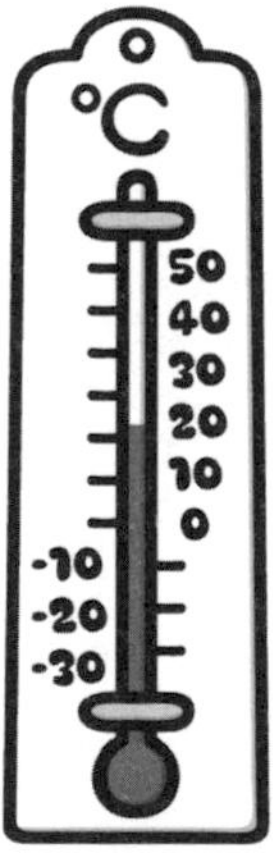

在上物理化學課的時候，應該經常會用到溫度計吧。溫度計是從觀察玻璃棒中紅色液體的高度變化來測量溫度，看紅色液體停在哪個刻度，就是溫度幾度。那麼，為什麼玻璃棒裡的紅色液體會改變高度呢？

紅色液體的真實身分是煤油。

幾乎所有的液體，都會在加熱時體積增加、冷卻時體積減少。

溫度計就是利用這種原理。在玻璃棒中放入液體，由於在加熱時體積會增加，所以會停在比較高的刻度處；而冷卻時體積減少，就會停在比較低的刻度位置。

用來做溫度計的玻璃棒是非常細的管子，即使溫度只有些

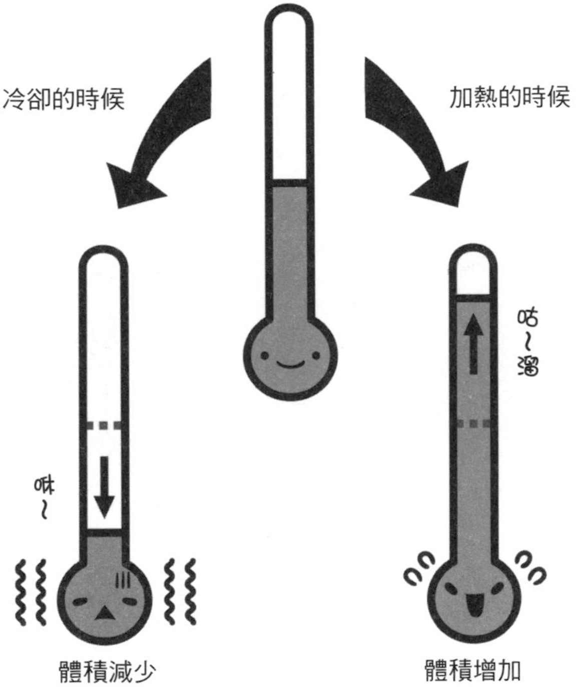

許不同，液體的體積也會有所變化，所以就能清楚看出溫度的變化。

不過，並不是所有的液體都可以拿來做溫度計。例如水在攝氏零度時就會結凍變硬，沒辦法測量比零度低的溫度，所以不適合拿來製作溫度計。由於煤油即使在零度以下也不會凍結，加熱到一百度以上也不會沸騰，所以很適合用來測量溫度。

數位型的溫度計中則沒有液體，而是利用「半導體」這種零件，依溫度不同會改變電流速度的性質來測量溫度的。

燈泡是怎麼發光的？

在上工藝課或是物理化學實驗時，有沒有裝過小燈泡呢？為什麼燈泡會發出明亮的光？

那是由於電燈泡裡面的溫度變得非常高的緣故。

仔細看看電燈泡裡面，應該看得到像細線般的東西吧，那是用金屬線纏繞做成的「燈絲」。雖然會因電燈泡的種類而異，但是一般來說，燈絲大概只有千分之三公釐，比頭髮還要細。只要有電流通

過，燈絲就會被加熱到兩千度以上，發出明亮的光芒。和火燄一樣，是由高熱來產生強光。

雖然加熱到這麼高溫，好像會讓燈絲燒光，由於在電燈泡裡面是用不易燃的氣體來取代空氣，所以燈絲並不會馬上就燒完。

不過長時間使用的話，燈絲終究還是會燒斷。

白熱燈泡發明於一八七八年，到目前為止已經有一百多年的時間，都是用它來照明。但是因為電燈泡是用高熱來發光，會浪費許多能量，於是就逐漸被「日光燈」取代了。相較於同樣亮度的白熱燈泡，日光燈的好處是，只需要使用三分之一的電量，而且壽命還多出五到十倍。

此外，用電量更少，能夠發出明亮光芒的ＬＥＤ（發光二極體）燈泡，也開始被廣泛使用了。

為什麼電視會有影像？

每天播放各種節目的電視，即使是運動競賽的現場轉播，或是發生在遙遠國外的事，也能同時在自己家裡觀賞，真是不可思議啊！用攝影機取得的影像，究竟是怎麼傳送到家裡的電視機呢？

用攝影機取得的影像，會先被變成電的訊號。

為了要把影像轉變成電的訊號，首先要把一張畫面切割成大約五百個橫條（高畫質的話大約要一千個）。這樣會讓一個個畫面變成像細長的線，再由上往下依序接在一起。於是原本的一張畫面，就會接成一條連在一起的線。再把這條線轉變成電的訊號。

這個電的訊號會經由電波，被傳送到我們家中的電視。

而電視機則是把接收到的電波訊號，再度回復成細長的影像、從上往下依序排在畫面上，就能夠重現由攝影機取得的影像。

由於這樣的程序，幾乎可以在瞬間

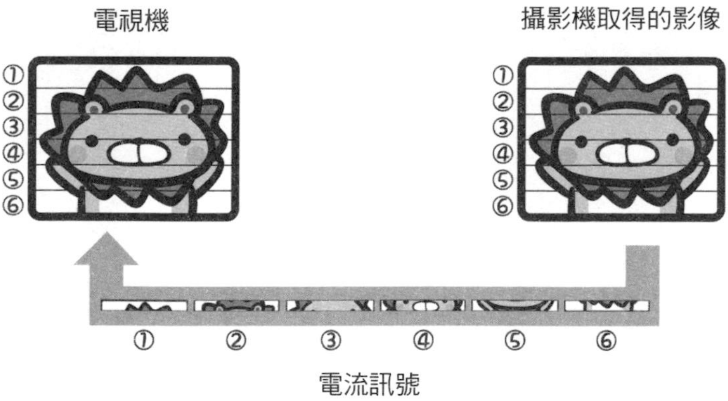

完成，所以電視畫面就能夠幾乎零時差的同步現場播送。

不過你有沒有在看外國轉播時，發現聲音跟影像好像不同步？這樣的事會發生在聲音與影像的傳送方式不一樣的時候。例如透過海底電纜傳送的聲音，比經由通訊衛星傳送的影像快，就會造成聲音與影像的傳送之間產生時間差。

磁浮列車跟電車有什麼不一樣？

你知道什麼是磁浮列車嗎？據說磁浮列車是超高速的交通工具。那麼，磁浮列車跟一般的電車有什麼不同呢？

一般的電車，是用車輪在軌道上跑。但是磁浮列車卻沒有輪子。那它們是怎麼前進的呢？

磁浮列車會浮在地面上十公分左右，利用磁石的力量往前方推進。用來代替磁浮列車軌道的，是稱為「導軌」的軌道。車身跟導軌分別裝有磁石，再利用磁石的推力與拉力讓磁浮列車浮起來、往前進。

可是，磁石一直都保持在相同的極性，就會停住不動，不會前進。因此，磁浮列車便使用電引發磁力的「電磁鐵」。

這種電磁石是利用改變電的大小或流動的方向，來改變磁力的大小，讓S極與N極不斷交換。所以磁浮列車的原理就是迅速改變導軌電磁鐵的極性，來讓列車前進。

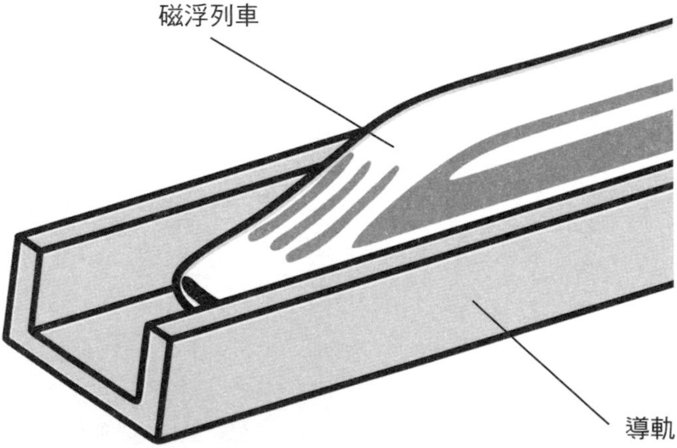

浮起的機制

從正面看的剖面圖

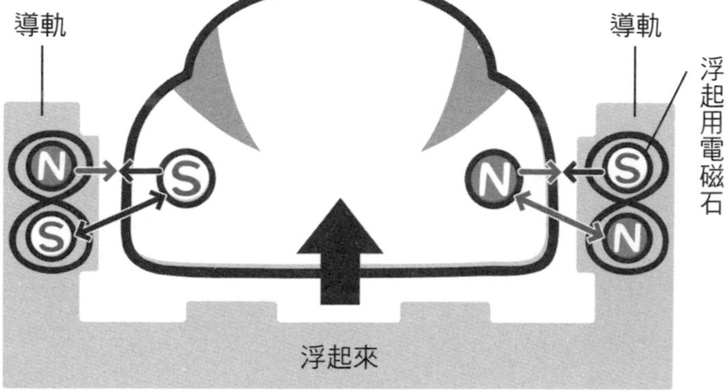
導軌
導軌
浮起用電磁石
N
S
S
N
S
N
浮起來

前進的機制

從上面看時的剖面圖

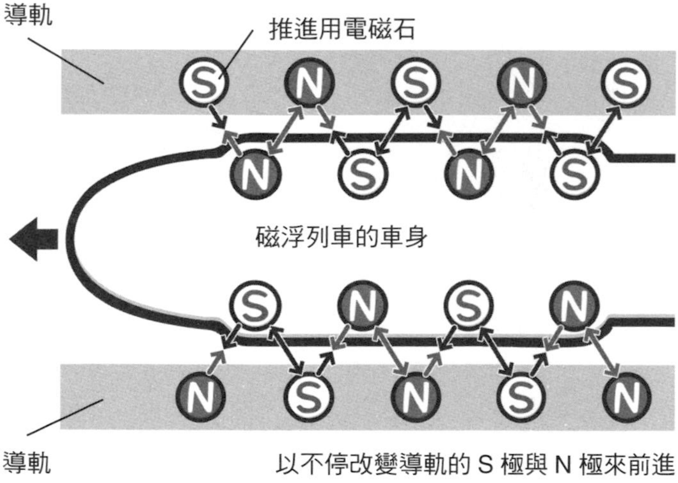
導軌
推進用電磁石
S N S N S
N S N S
磁浮列車的車身
S N S N
N S N S N
導軌
以不停改變導軌的 S 極與 N 極來前進

這種靠電磁石的力量前進的方法，已經被使用在東京跟大阪的地下鐵了。只不過這些電車並沒有浮起來，而是跟普通的電車一樣用車輪在跑，所以速度就不像磁浮列車那麼快。

由於磁浮列車是浮在導軌上，不像車輪在跟軌道接觸會產生摩擦力，才能夠用時速五百公里的高速行駛。

科學小實驗

鮮奶油變成固體奶油！

奶油或乳酪（起司）、優格這類由鮮乳加工製成的食品，通稱為「乳製品」。只要到超商、超市去，都可以看見貨架上陳列許多乳製品。

經常被拿來做蛋糕上的裝飾，

各式各樣的乳製品

或是在做菜時會使用的鮮奶油，也屬於乳製品。鮮奶油在乳製品中，是屬於乳脂肪成分特別濃的鮮乳。

我們來做個讓鮮奶油變身的實驗吧，不用火也不用特別的道具喔，只需要把鮮奶油裝進瓶子裡就好了。你覺得它可以變身成什麼呢？

答案是奶油。現在，就讓我們實際上動手做，看看鮮奶油到底是怎麼變身成為奶油。

要準備的東西：

要準備的東西

有瓶蓋的廣口瓶

- 瓶蓋可以蓋得很緊的為佳
- 由於要用單手握緊晃動，所以瓶子小一點比較容易握
- 要洗得很乾淨

鮮奶油

- 動物性乳脂肪成分高於 45%
- 沒有加入乳化劑
- 以放在冰箱中冷卻過的為佳

●鮮奶油（動物性乳脂肪成分高於百分之四十五的）
●有瓶蓋的廣口瓶（例如空的果醬瓶等）

①首先，在瓶中倒入瓶身三分之一到一半的鮮奶油，蓋緊瓶蓋。

②用力的上下晃動瓶子。用一定的節奏持續搖晃瓶子。

③晃了三到五分鐘之後，液體的搖晃聲消失，瓶子裡面變成白色的，像是打發過的鮮奶油一樣。到了這種

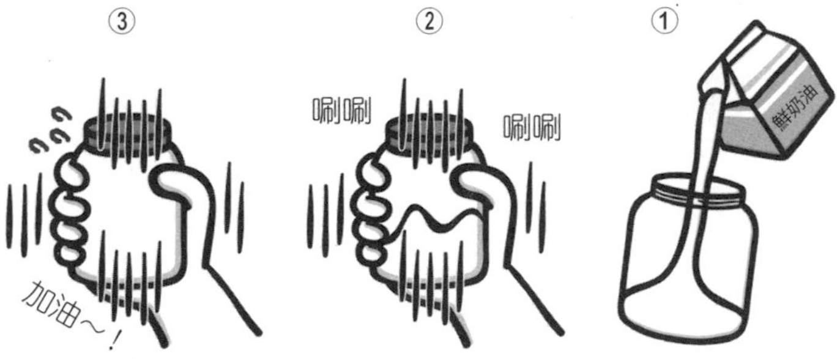

倒入瓶身三分之一到一半的量

上下用力晃動

在持續晃動之後，瓶子裡面會變成像打發過的鮮奶油一樣，這時還要再繼續晃動瓶子。

狀態之後，再繼續晃動瓶子七到十分鐘左右。

④瓶裡的內容物會開始發出咚咚咚的聲音。繼續晃動到有啪唰啪唰的液體聲，就大功告成了。

這時可以看見瓶子裡的東西被分成固體和液體。打開瓶蓋把液體裝到杯子裡，留下淡黃色的固體。

這塊固體就是奶油。

由於市面上賣的奶油通常都有加鹽，在這塊奶油裡面也可以加一點點

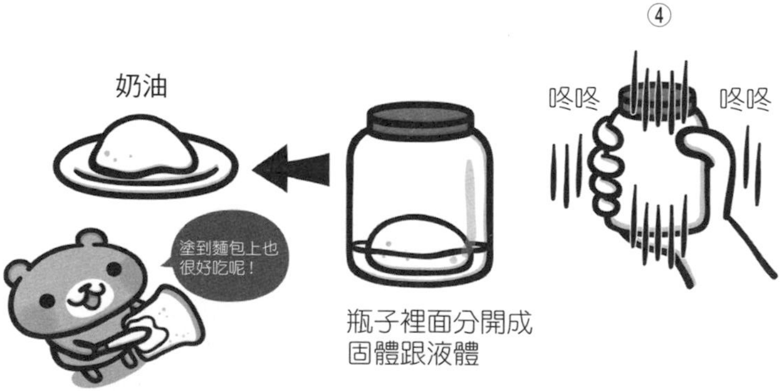
④
咚咚
咚咚
瓶子裡面分開成
固體跟液體
奶油
塗到麵包上也
很好吃呢！

鹽、混合均勻。嘗嘗看，會發現味道真的就跟我們平常吃的奶油一樣喔。

在十到十五分鐘前還是鮮奶油的液體，只是不停的晃動，就完美的變成奶油了呢。

那麼，為什麼可以做出奶油呢？

在鮮奶油之中有許多脂肪，被包在蛋白質薄膜之中形成顆粒。

晃動鮮奶油以後，蛋白質薄膜在彼此碰撞之後破裂，裡面的脂肪結合在一起形成固體，就成為奶油。

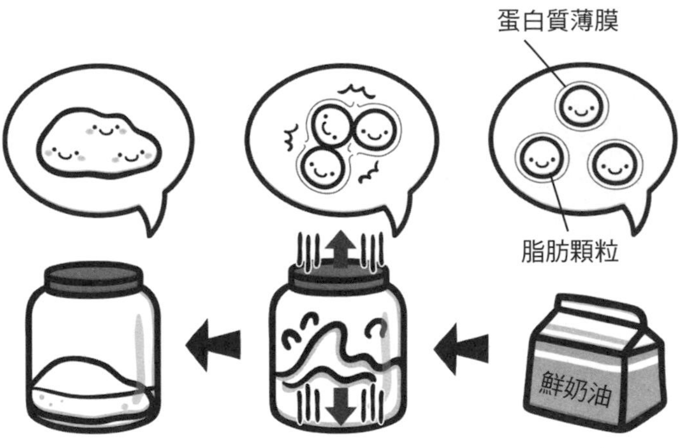

晃動鮮奶油的目的，就是要把蛋白質的膜弄破。瓶中的液體，是去掉鮮奶油中的脂肪後留下來的成分，喝起來像是很爽口的牛奶。

其實，跟奶油很像的乳瑪琳雖然同樣是固體脂肪，卻是取自大豆或是玉米等植物性脂肪加工製成的，所以並不是乳製品。

地球和宇宙的故事

龍捲風是怎麼形成的？

龍捲風，是一種旋轉速度極快的空氣漩渦。龍捲風通常會突然發生，漩渦的直徑從數十公尺到數百公尺，很少停留在同一個地方，有時候會以接近時速一百公里的速度移動。

龍捲風的漩渦中心會從地面往上空颳起強風，有時會把大樹連根拔起，有時會把屋頂吹跑。有時甚至會把整棟房子捲起來，或是吹走整台汽車。

美國的中西部經常會有龍捲風發生，而且往往既強大又激烈，每年都會有許多人因為龍捲風的緣故受傷或死亡。

龍捲風是在有積雨雲的時候發生的。龍捲風的中心會像電動吸塵器的軟管一樣，把空氣吸進去。被吸進去的空氣，會像捲動的漩渦般朝上方激烈旋轉上升。在這個時候，水蒸氣冷卻變成像大象鼻子形狀般的雲，看起來像是垂吊在積雨雲底部。

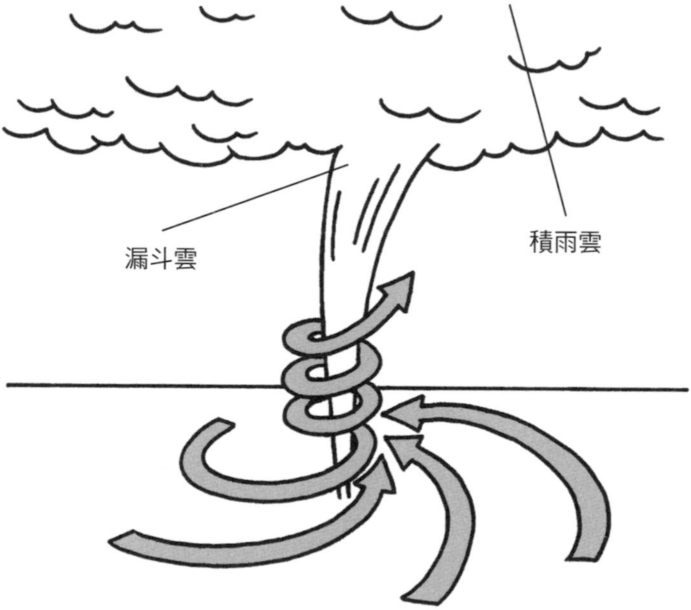

這種雲稱為「漏斗雲」或「管狀雲」。據說就是因為這種雲看起來像是龍飛上天，所以才有了「龍捲」這個名字。

由於龍捲風是在短時間內發生在面積狹小的場所，所以很難進行詳細的觀測，發生的原因也還不清楚。

最近幾年，日本常有龍捲風發生。根據日本氣象廳表示，日本全國每年平均有十三個龍捲風發生。容易發生龍捲風的時期，是在有颱風、低氣壓、寒冷的鋒面接近的時候，颱風季節的九月裡最多。

可能發生龍捲風時，氣象局會發布「龍捲風警報」，並且呼籲民眾，一定要盡快躲到堅固的建築物裡面去。

什麼是光化學煙霧？

「已經發布了光化學煙霧警報。今天盡量不要到外面玩。」

你有沒有聽過老師或爸爸媽媽這樣說？「光化學煙霧」聽起來有點難吧！為什麼這時候不要到外面玩？現在就讓我們來探究一下光化學煙霧的真面目吧。

從汽車或工廠排放出來的廢氣中，含有「氮氧化物」或「碳化氫」。氮氧化物與碳化氫被太陽的紫外線照射，會產生「光化學氧化劑」。這種光化學氧化劑大量形成、累積在空氣中，變成像起霧狀態，就稱為「光化學煙霧」。

煙霧是由英文的「煙（smoke）」及「霧（fog）」兩個字結合而成的。原本這個字是用來指瀰漫在英國倫敦，混合煙囪及汽車排出廢氣的霧，日本則用這個字來稱呼用肉眼就看得見的空氣髒污。

光化學煙霧會發生在春天

到秋天之間，特別是日照強、氣溫高、風很弱的日子。七月到八月之間，連續多天炎熱晴天，發生頻率最高。發生光化學煙霧時，症狀會因人而異，通常會有眼睛痛、咳嗽、呼吸困難等症狀發生，所以得要注意才行。

都市空氣雖然看起來變得比以前乾淨，但是肉眼看不見的光化學氧化劑濃度卻沒有減少。

當光化學氧化劑的濃度變

高，可能會影響到人們健康，這時就會發布「光化學煙霧警報」，呼籲大家要小心注意。發布這種警報的時候，盡量不要外出運動，乖乖待在家裡喔。

（編註：想要知道台灣空氣品質的狀況，請上行政院環保署的網站「空氣品質監測網」查詢，或是注意媒體新聞和氣象報告中播出的空氣品質預報。）

空氣有重量嗎？

把鐵球放在手掌上會感覺到重量，但是手掌上的空氣，卻完全感覺不到重量。我們既沒辦法看到空氣，也不覺得它們有重量。

可是，空氣是有重量的。在平地上，一公升的空氣大概有一點二公克重。這也就是說，一個每邊長為一公尺的立方體（一千公升）範圍的空氣，重量約為一點二公斤，比一公升的紙盒裝牛奶要重，還真的不輕喔。

在地球的周圍，覆蓋了一層厚度大約為五百公里的空氣。這些空氣的重量，也會加到我們的身上，大約每一平方公尺有十公噸。換句話說，等於每半塊榻榻米的面積，就得承受相當於兩隻大象體重的空氣重量。

不過我們的身體並不會被壓扁。由於生物一直棲息在有這些重量存在的地方，就不會感受到空氣的重量。

有空氣重量加在固定範圍的面積上的力量，稱為「氣壓」；而氣壓的單位則是「hp（毫巴）」。

一聽到氣壓這兩個字，大家一定很快就會想到在電視的氣象報告中，經常提到的「高氣壓」或「低氣壓」吧。

高氣壓是指氣壓比周圍高的地方，而低氣壓則是氣壓比周圍要來得低。

被高氣壓籠罩時，上空的空氣會往下降，溼度降低，雲也會被吹走，天氣就會變好。

反過來說，只要有低氣壓接近，往上方流動的空氣就會形成雲，讓天氣變壞。

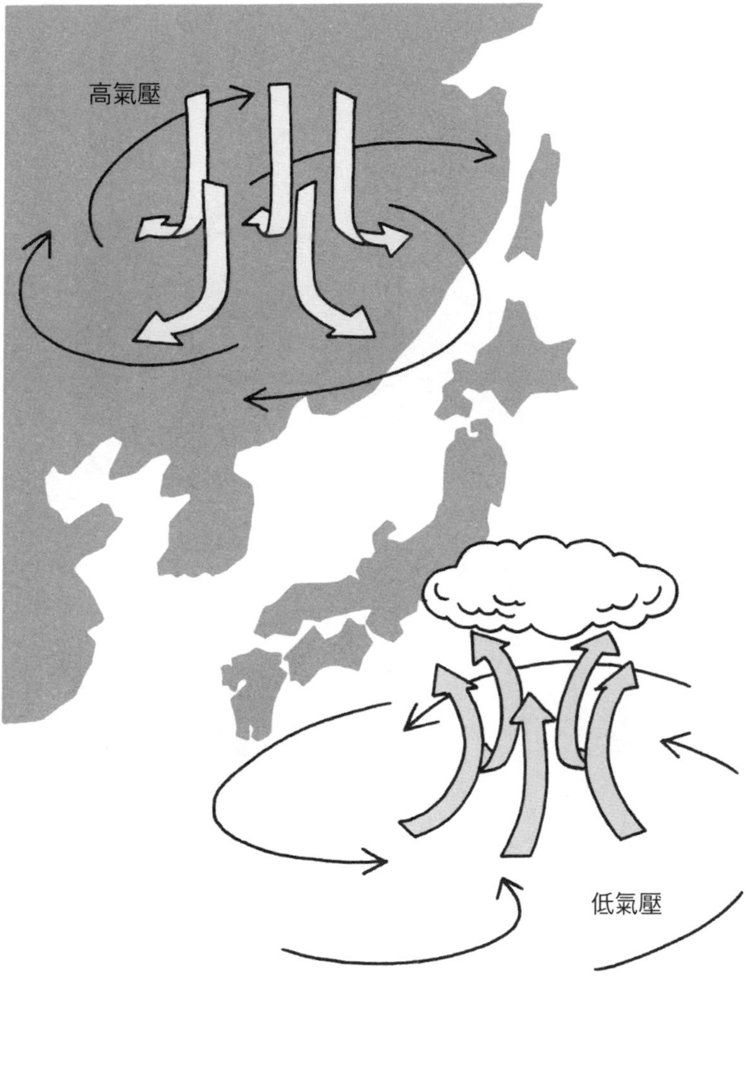
高氣壓
低氣壓

臭氧層為什麼有破洞？

雖然「臭氧」是個不常聽到的字眼，不過它其實跟我們呼吸的氧氣有很大的關係。

空氣中的氧，是由兩個「氧原子」結合組成的。臭氧同樣也是由氧原子組成，不過卻是由三個氧原子結合而成。

在太陽光中含有我們眼睛看不到的紫外線，當空氣中的氧受到紫外線照射時，就會形成臭氧。

在離地二十到二十五公里高的上空，聚集著許多的臭氧氣體，這一部分的空氣層被稱為臭氧層。臭氧層對生物很重要，因為它們能夠幫忙攔阻來自太陽的危險「有害紫外線」。

地球並不是一開始就有氧氣的。氧氣是由藍綠藻這種微小生物，經年累月製造出來的。這些氧氣被釋放到空氣

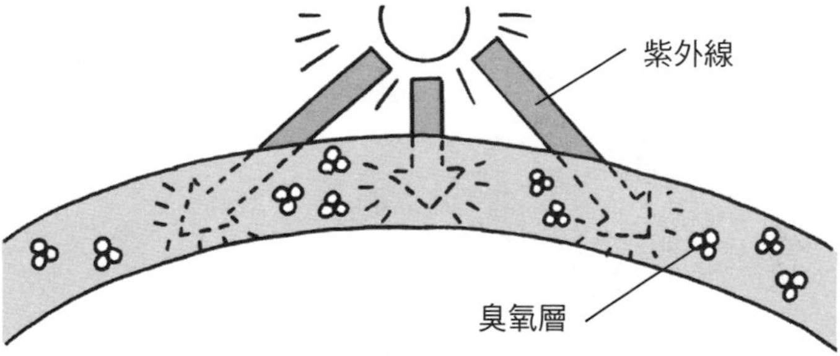

中，大約在四億五千萬年前形成臭氧層，才讓陸地成為適合動物跟植物生存的環境。

也就是說，對於棲息在陸地上的生物們來說，臭氧層的存在極為重要。

但是這個重要的臭氧層，卻從一九七〇年左右開始崩潰。臭氧層裡的臭氧開始減少，主要原因，來自於人類製造出來的「氟氯碳化物」（冷媒）。

氟氯碳化物被大量使用在冷

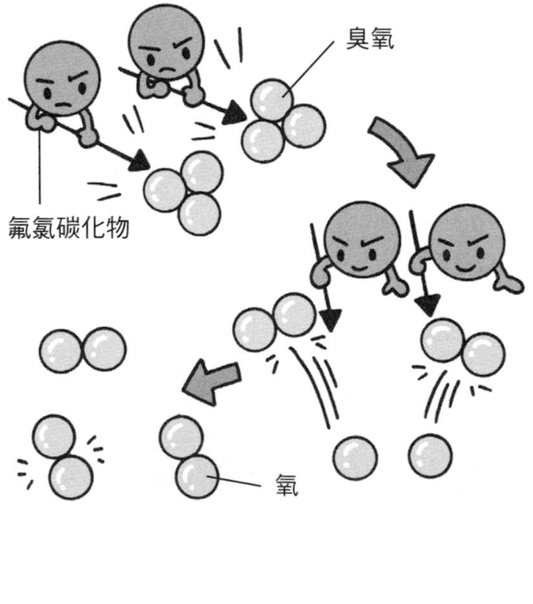

卻冰箱或冷氣的氣體，或是髮膠等氣體中。由於這些氟氯碳化物具有把臭氧變成氧氣的作用，所以飄到上空去的氟氯碳化物就逐漸破壞了臭氧層。

一九八〇年代，在南極上空發現了少量臭氧層破洞，成為震驚全世界的大問題。臭氧層的破洞至今仍然在每年（九月到十一月）出現在南極的上空。

當臭氧層的臭氧變少，抵達

地面的有害紫外線的量就會增加。對人類來說，只要有害紫外線增加，罹患皮膚癌或白內障（眼睛的疾病）的可能性就會增加。

於是，世界各國共同做了決定，要停止製造、使用會破壞臭氧層的氟氯碳化物。日本等先進國家在一九九六年以後，已經不再製造氟氯碳化物。使用氟氯碳化物的舊型冷氣或冰箱，在拆解的時候會先抽出氟氯碳化物，防止它被釋放到空氣中。

雖然如此，一般認為要讓臭氧層恢復原狀，還需要花上幾十年的時間。

指南針放在北極，N極會指向哪裡？

遠足、登山的時候會帶在身上的指南針，是指針會自由活動的小型磁石。指南針的N極指著北方、S極指著南方。

指南針之所以會指向南北，是因為地球本身就是一塊巨大的磁石。我們可以把地球比喻成以北極為S極、南極為N極的巨大磁石。

當兩塊磁石靠近的時候，N極和S極不是會互相吸引嗎？同樣的，指南針的N極指針，就會被吸向地球的S極（北極）。

只不過地圖上的北極點，跟地球磁石的S極（北磁極）並不在同一個地方。

北極點是指地球自轉時的軸與地面交會的點。而另一方面北磁極則是位於跟北極點有點距離的地方，而且會每年移動位置。（地球的N極「南磁極」也跟南極點有點距離，同樣持續在移動）。

所以在北極點，指南針的N極指針是朝向S極的

北磁極。那麼，指針在北磁極會指向何方呢？

答案是正下方。指南針的N極指針受到地球S極的吸引，會朝向正下方。

話說回來，為什麼地球會變成一顆大磁石呢？

位於地球中心的地核，是由融化的鐵等金屬所形成，那裡有電流在流動。一般認為就是因為這樣，才讓地球變成一顆巨大磁石。

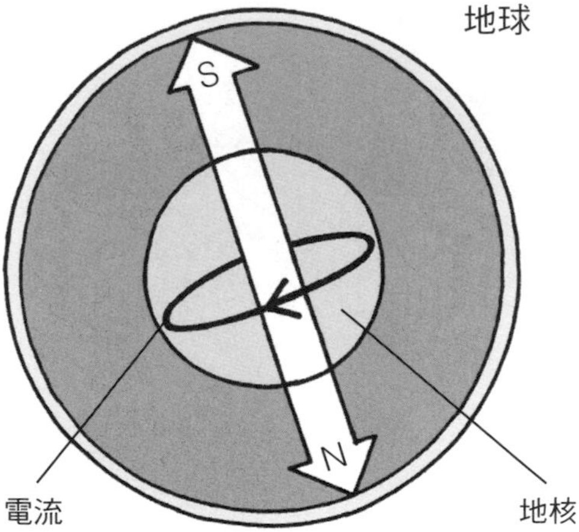

月球是怎麼形成的？

月球是離我們居住的地球最近的天體，也是唯一一個人類造訪過的天體。在一九六九年到一九七二年之間，美國的太空人一共登陸月球六次。

月球與地球之間的距離大約為三十八萬公里。由於地球的直徑大約為一萬三千公里，所以月球與地球之間大約有三十個地球的距離。月球的直徑差不多是地球的四分之一，重量約為八十分之一。月

球總是以同一面朝向地球，大約每二十七天會繞行地球周圍一圈。

雖然關於月球究竟是怎麼形成的，至今仍然不很清楚，不過大概有以下幾種說法。

●分裂說：在地球剛形成的時候，地球自轉的速度比現在快上很多；因為自轉速度太快，導致一部分的地球脫落飛出，形成了月球。

●雙胞說：在太陽系（太陽及在其周圍環繞著的地球、火星、木星等

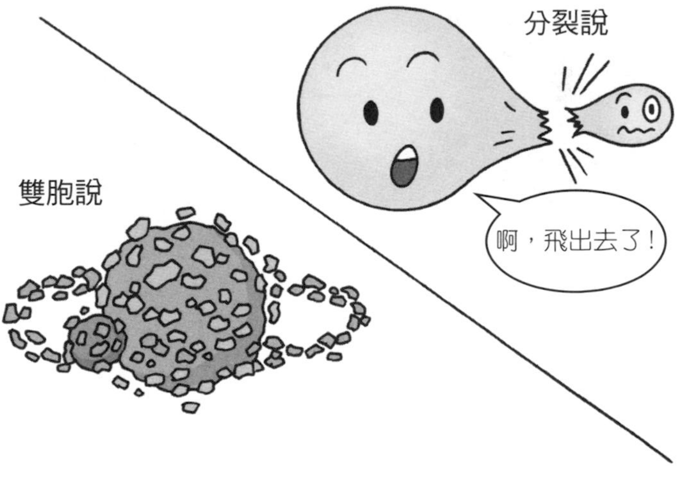

行星的集合）形成時，有許多的氣體與塵土聚集在一起，同時形成了地球與月球。

●捕獲說：月球是在太陽系的某個地方形成，在通過地球附近的時候被地球吸引，開始在地球周圍繞行。

●撞擊說：英文為「Giant Impact（巨大撞擊）」。這個說法認為在地球剛形成的時候，有顆跟火星差不多大的天體撞

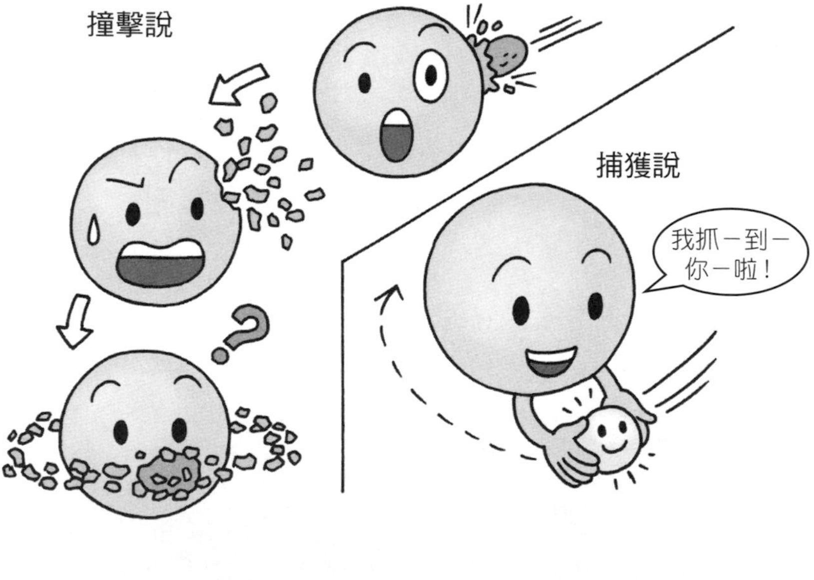

擊地球，那時被撞飛的岩石碎片聚集在一起，形成了後來的月球。

在這四個說法中，被認為最有可能的雖然是撞擊說，但是由於還有很多細節並不清楚，所以我們還沒辦法決定它就是正確答案。

在滿月的美麗月夜，就讓我們邊想著這四種說法邊賞月吧。這樣一來，就可以忘記芝麻蒜皮的小事，讓心胸變寬變大喔。

太陽會消失不見嗎？

燃燒自己發出光芒的星體稱為「恆星」。太陽也是恆星之一。

恆星是在宇宙空間中飄盪的氣體與微塵（小的顆粒）聚集在一起之後，從其中誕生的。在四十六億年前，太陽也是這樣誕生的。

成為太陽基礎的氣體或微塵的集合（星際雲），後來中央開始塌陷，以又熱又濃的氣體集合為中心旋轉，形成巨大的氣體漩渦。雖然那個中心部位將會成為太陽，不過在那個時候還不會發光。這個狀態

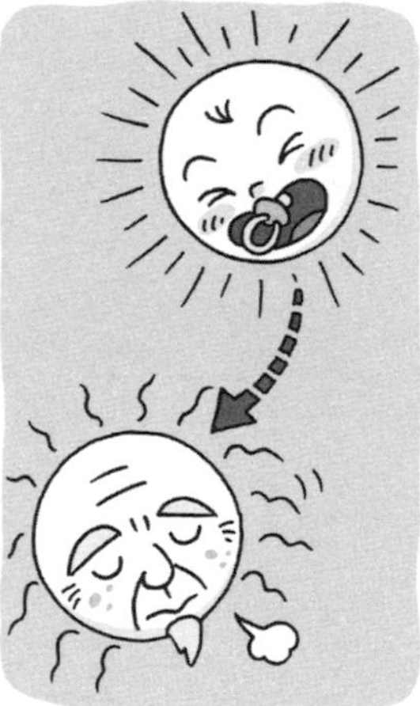

稱為「原始太陽」。

當原始太陽的溫度愈升愈高，在中心發生氫變成氦的核融合反應、開始燃燒。也就開始發光、閃耀。於是，太陽就如此誕生了。

在太陽周圍成渦狀旋轉的氣體與微塵互相撞擊融合，形成了地球及木星等的行星。

恆星也有壽命。所以總有一天，太陽也是會燃燒殆盡。

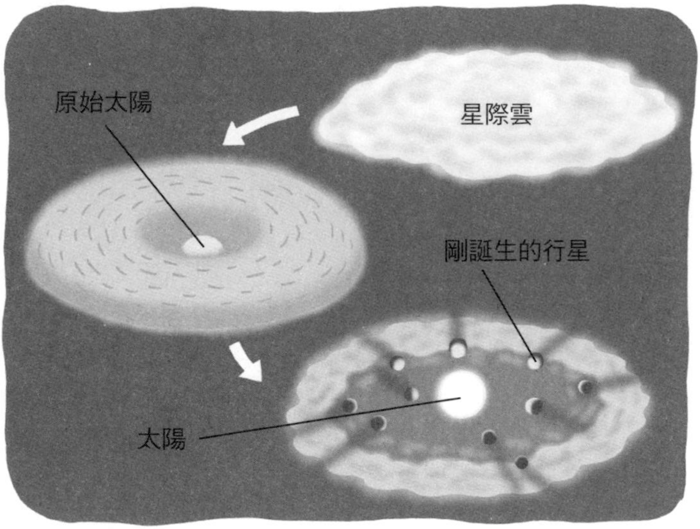

一般認為太陽的壽命大約為一百億年。由於太陽是在四十六億年前誕生的，以星星來說，應該還可以持續發光個五十億年左右。

恆星變老之後，就會膨脹、溫度下降，變成又大又紅的星球。像這樣的星球，被稱為「紅巨星」。

太陽也有成為紅巨星的一天。由於一般認為太陽會膨脹到可以把地球吞噬的大小，所以到了那時候，地球應該會被那個熱度給燒得一乾二淨吧。在那之後，太陽外側的氣體會飛離，只剩下中心部的星雲核心，稱為「白矮星」。到了最後不再發光時，再變成「黑矮星」而結束一生。

這是還要非常久以後才會發生的事，我們不需要擔心。

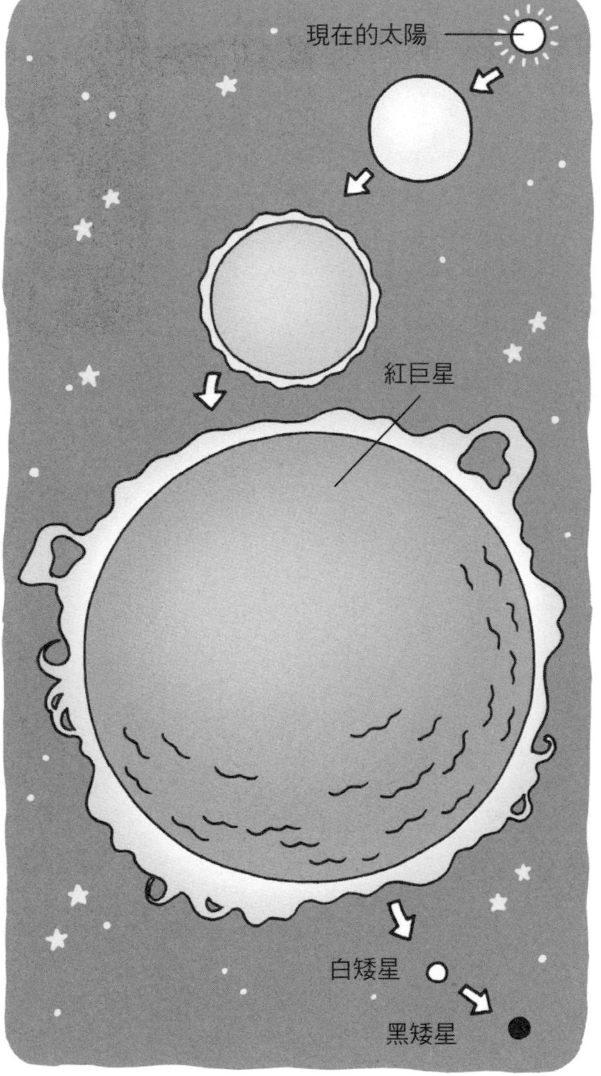
現在的太陽
紅巨星
白矮星
黑矮星

真的有幽浮嗎？

聽到幽浮（UFO），大概有很多人都會連想到在空中飛行的巨大圓盤，或是雪茄狀的外星人交通工具吧。其實UFO這個字，是「未確認飛行物體（Unidentified Flying Object）」的英文字首。

這也就是說，在空中飛行、不知其真面目的物體，全都可被稱為幽浮。即使是被強風吹飛的帽子、零嘴點心的包裝袋，只要是天上的不明物體，統統會變成幽浮。

不過這應該不是你要問的吧。

接下來，就讓我們針對「真的有外星人的交通工具來到地球嗎？」這一點來思考。

我們經常可以在電視或是報章雜誌上，看到很像外星人交通工具的幽浮影像或照片。但是當專家仔細調查，卻發現這些錄影畫面或照片幾乎全都是作假的。

除了造假的影像或照片，以嚇人為樂的惡作劇之外，另外有些奇

形怪狀的雲、氣球、飛機，因為光照射的角度而看起來像飛碟，也經常碰巧被鏡頭捕捉到。

不過，真的有不管再怎麼調查，也查不出其真面目的影像或照片呢。

讓我們再更深入討論到底有沒有外星人呢？在遼闊的宇宙中，還有沒有像我們人類般的智慧生命體呢？

我們所居住的地球，位於太陽系之中。以太陽這個恆星

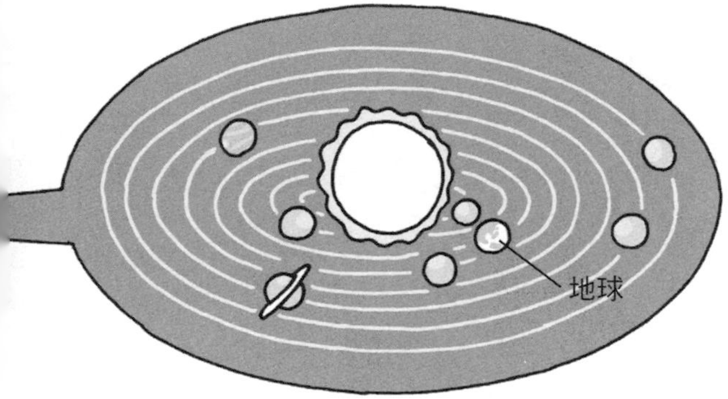

太陽系

為中心，和地球及火星、木星等八個行星，以及無數的小行星或衛星聚集在一起，就是太陽系。

而太陽系是位在銀河系這個巨大星團之中。銀河系呈漩渦狀，直徑為十萬光年。由於一光年是指光前進一年的距離，十萬光年就是以光的速度，前進十萬年以後可達到的距離（光在一秒間可以前進三

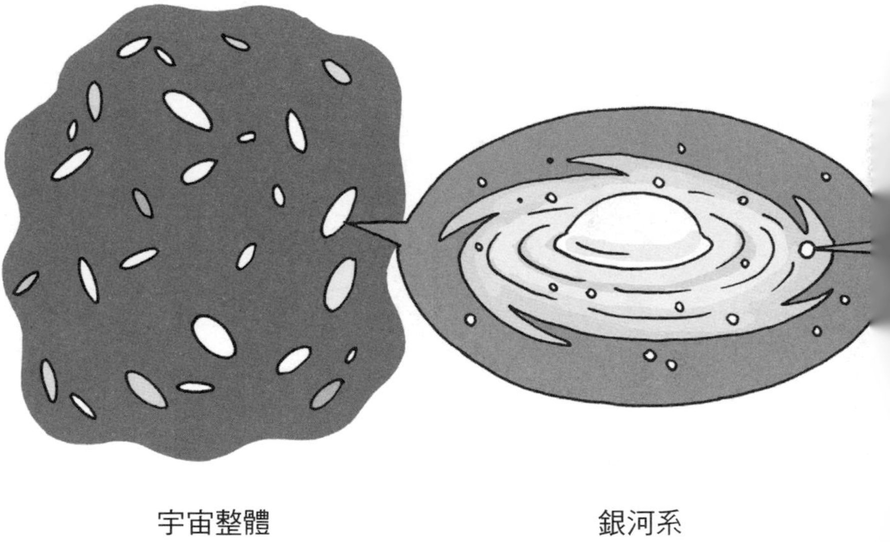

十萬公里，等於繞行地球七圈半）。這個距離遙遠到讓人無法想像吧。

一般認為在銀河系之中，像太陽這樣的恆星約有二千億個。而在整個宇宙中，像銀河系般的星團（銀河）多到數不盡。

由於星球有這麼多，在遼闊的宇宙中，存在著跟地球一樣有生物的行星也就一點也不奇怪。問題在於，我們有沒有機會遇到

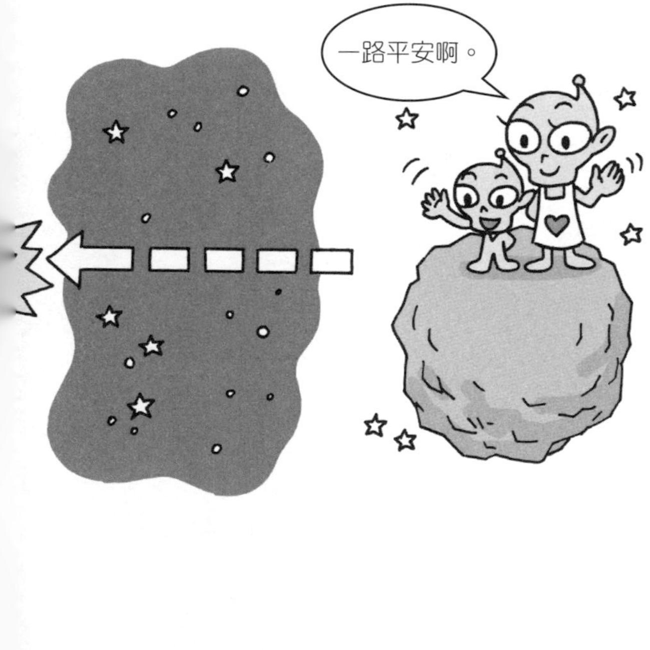

這些外星人。

假設在太陽系所屬的銀河系中，有存在著外星人的行星。那些外星人接收到發自地球的電波，想要到地球拜訪。可是，那些外星人是否具有能夠進行遙遠星際旅行的高度科學技術呢？

距離太陽系最近的恆星，是半人馬座的α星，距離我們四點三七光年左右，用現在的火箭飛行的話，得花上幾萬年。

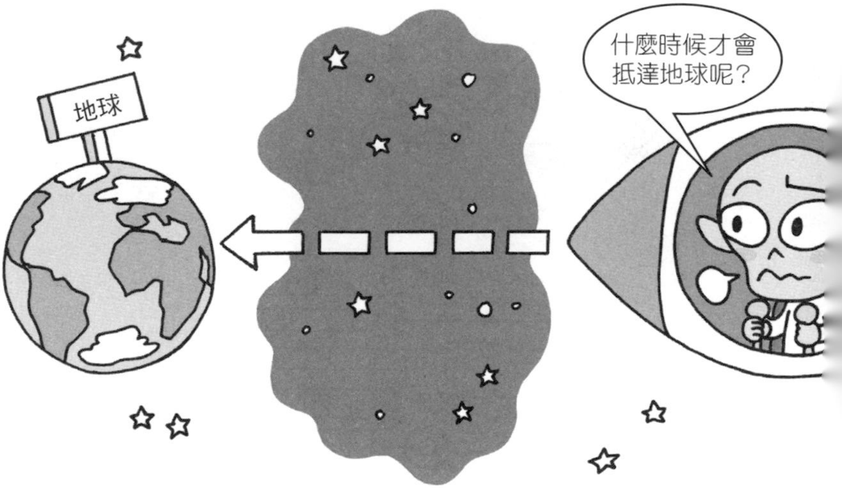

就算真的有外星人朝向地球而來，他們抵達地球的時候，我們人類到底還在不在都還是個問題呢。

總而言之，一般認為即使真的有外星人，和我們相遇的機率也是非常非常低。所以幽浮之類的外星人交通工具，抵達地球的機率也似乎不太高。

科學小傳記

第一位登上月球的太空人
阿姆斯壯

「第一位站上月球的人，就在這個房間裡。」瀰漫著緊張氣氛的會議室裡，史雷頓總監對全體候補太空人這樣說。

「大家都有飛行的機會。」

這裡是美國航空太空總署（NASA）。優秀的飛行員們從全美各地聚集在一起，要共同進行「阿波羅計畫」。

「阿波羅計畫」是要在十年以內讓人類登陸月球的計畫，從一九五〇年代就開始進行了。

「人類真的能到月球去嗎？」

大家都覺得很疑惑。當時是連發射火箭離開地球都還很困難的時代。

地球一周大約為四萬公里。想要到十倍距離般遙遠，約為三十八萬公里之遙的月球去，根本就是個天方夜譚。

但是NASA卻充滿幹勁。因為當時的美國正與蘇聯（現在的俄羅斯）

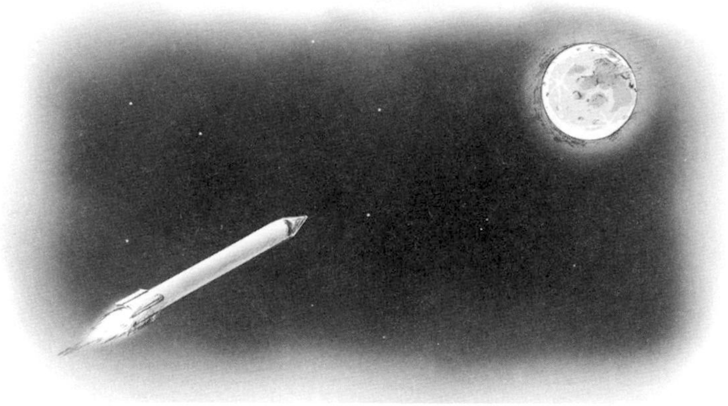

展開著激烈的太空開發競賽。一九六一年時，蘇聯成功完成第一次的太空飛行。搭載著蘇聯太空人加加林的火箭完成繞行地球一周，大約一小時五十分鐘的航程，造成全世界的轟動，讓美國感到自己遠遠落在後面。

「首先登陸月球的……是我們！」

下次我們絕對不會輸，也不能輸。

隨著新型火箭的開發，NASA也加快腳步進行太空人訓練。

「我想要當第一個站在月球上的太空人！」

每一位候補太空人的心裡，都懷抱著這樣夢想，可是能夠搭上太空船阿波羅號的只有三個人。

「只要能夠實現夢想，不論訓練再嚴格，都一定要堅持下去！」

大家接受訓練時都是這麼想的。

揹著沉重的太空衣走上好幾小時、讓身體倒立再不斷旋轉的無重力體驗……。其中最驚人的，是讓太空人能夠承受火箭發射及衝進大氣層時的衝擊訓練。

把重力加到坐在椅子上的太空人身體上。隨著機械的聲音，刻度指向「五G」。五G會讓人感受到自己體重五倍的重量。眼睛張不開，手跟腳也動彈不得。在八G時眼球會變得扁平，胸部好像要破掉一樣。等到機械終於停下來時，會非常想吐。

太空探險總是伴隨著危險。在阿波羅飛行測試之前，也曾經有太空人意外喪生。縱然如此，候補太空人們仍然不畏懼、不退縮，每天繼續向嚴酷的訓練挑戰。

然後，終於……

「尼爾，你願意去嗎？」

某一天，史雷頓總監問尼爾·阿姆斯壯，這也表示他正在決定誰能夠搭上以首次登陸月球為目標的阿波羅11號。

「我願意。」

阿姆斯壯以低沉的聲音這樣回答。接下來被選上的是愛德溫·艾德林及麥可·柯林斯。

阿姆斯壯是在三位成員中個

太空人　尼爾·阿姆斯壯

太空人　愛德溫·艾德林

太空人　麥可·柯林斯

性最冷靜、意志最堅定的一位。

阿波羅11號的飛行計畫是這樣的。首先靠火箭的力量飛離地球、飛往月球。在途中丟掉火箭，環繞月球飛行，然後把阿波羅11號分成司令船跟登月小艇兩個部分。登月小艇會降落到月球，而司令船則繞行月球，守備登月小艇。

「太空人的技術不用說……」

史雷頓繼續說。

「最重要的，是遭遇困難時的決心。如何跟同伴們一起同舟共濟合作無間，才是成功登陸月球的關鍵。」

到了命運的一九六九年七月十六日。

「出發工作準備完畢！」

阿姆斯壯的聲音從阿波羅11號傳到了基地。
「倒數讀秒。五……四……三……。」
從腳下傳來轟隆隆的聲音。
「二……一……發射！」

震耳欲聾的聲音遠播四方。濃濃的白色煙霧冒出，火箭直衝雲霄。

十二分鐘以後，三個人就飛出了地球。

「去程就讓我們輕鬆一點吧。」

阿姆斯壯用冷靜的語調這樣說。

到進入月球引力圈為止的飛行時間，大約是七十三小時。光是飛行到登陸月球，就得花上四到五天。在發射的幾小時後，阿姆斯壯看到了窗外的美景。

「那是美洲大陸！也看得見北極耶！」

地球已經在四萬公里之外了。飛行很順利。三個人都睡得很好，迎接第二天（十七日）的來臨。他們也吃了很多太空食物。裝在塑膠容器裡面的太空食物，從義大利麵到雞肉、馬鈴薯、巧克力等

都有，種類很豐富。第三天（十八日）在測試各種儀器中渡過，而在第四天（十九日）時，終於要進入月球軌道。

到了第四天的早上。一覺醒來，窗戶外面是一個大大的月亮。

「要進入月球軌道了喔！」

「沒問題！」

一邊繞行月球周圍，一邊進行登陸的準備。

「看得見登陸地點嗎？」

「看得見！」

就這樣繞行了一天，而在隔天（二十日），到了登陸月球的時刻。阿姆斯壯與艾德林搭上登月小艇，柯林斯則坐進司令船。

搭上司令船的柯林斯屏氣凝神。終於到了要把司令船與登月小艇分離的時刻。柯林斯點點頭，大聲的叫。

「好，去吧！」

被切離的登月小艇，在轉眼之間看起來越來越小。柯林斯像在祈禱般的守護著另外兩個人。

「動力下降！」

在登月小艇中，阿姆斯壯這樣喊。在月球表面有許多粗糙的隕石坑，登月小艇得要避開這些地方，在平坦的場所降落才行。登陸程序早就被設定在電腦中了。目的地是「寧靜海」。由於那裡是塊廣大平坦的平原，所以被稱為「海」。

過了不久之後，發著白光的地面從灰色的群山中露出臉來。

「寧靜海！」

正要登陸時，警報器突然響了。

「警報一二〇二！緊急狀態！」

阿姆斯壯急忙問：

「艾德林，一二〇二代表什麼？」

「電腦沒辦法把工作完成。」

登陸地點一點一點的偏離。登陸小艇邊搖晃邊往下掉。眼前有個巨大的隕石坑。要是在那裡降落的話，登陸小艇會翻倒，再也回不了地球。

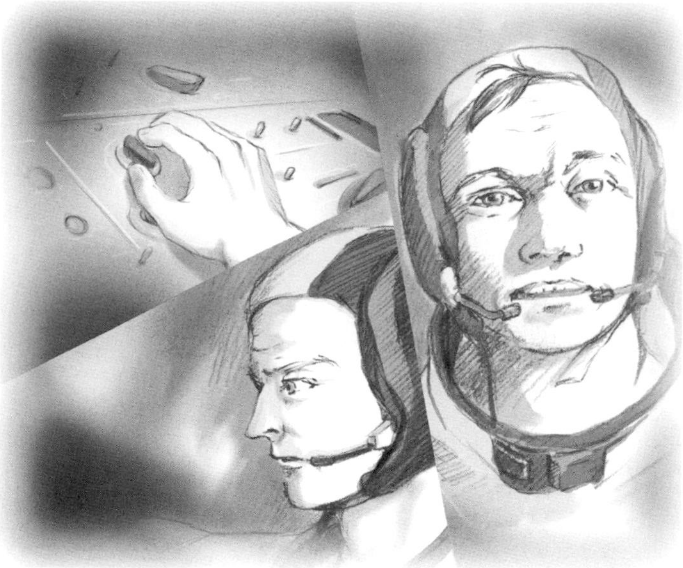

阿姆斯壯大聲的叫。

「切換成半手動！」

死命的拉動操縱桿之後，登陸小艇總算回到水平狀態。

阿姆斯壯小聲嘀咕：

「電腦不長眼……人可是有眼睛的呢！」

不過月球表面已經近在眼前，還看得見地平線彼端的小丘。

「假如是那個小丘的對面，應該可以順利降落。」

但是接下來又換成燃料的警示燈在閃爍。

「燃料快不夠了呢！」

「還剩多少？」

只剩下不到九十秒了。八十秒、七十秒……燃料剩下不到三十秒時，登月小艇的細腳（接地感應棒）終於接觸到了月球表面。

艾德林說：

「接地燈，點亮。現在關掉引擎。」

就在那個瞬間，阿姆斯壯按下了寫有「停止」的按鈕。引擎聲逐漸靜止、引擎完全停了下來。

整個太空，回復成一片寂靜。

兩張臉發出了微笑。

「喂！只剩下二十秒而已耶。」

「不不，二十秒的時間……很長呢。」

阿姆斯壯靜靜的這樣回答。

一九六九年七月二十日下午十點五十六分。人類首次在月球踏出第一步。先是阿姆斯壯，接著是艾德林站上月球表面。展現在兩人眼前的月球，是無垠的灰色，保持著無限的寂靜。阿姆斯壯說：

「這是我的一小步，卻是人類的一大步。」

兩個人開始了月球散步。由於月球重力只有地球的六分之一，所以走起路來就會像袋鼠跳那樣。而且每走一步，就會有無數的黑砂黏上來。兩人為了調查，撿拾了很多月球上的石頭。作業時間約為兩小時。兩個人心中為了成功而喜悅，也沒忘記這個成功，是依靠團隊力量完成的。他們想到了沒能站到月球上來的柯林斯。

完成任務，兩個人回到登月小艇，準備飛離月球。

登月小艇重新和司令船連結，又花了整整四天飛往地球。在半路上丟掉登月小艇，最後只剩下司令船，衝進地球的大氣層。

二十四日，司令船順利在太平洋降落，三位太空人改搭早就準備好的橡皮艇返回。

前往月球的旅程結束了。

就這樣，阿姆斯壯等人以「首次登陸月球的太空人」而遠近馳名。包括阿波羅11號在內，阿波羅計畫一共成功的登陸月球六次，但是之後就再也沒有人去過月球。

等到美國和蘇聯的太空競賽結束，到了二十一世紀時，美國、俄羅斯和日本共同合作，開始建設國際太空站。許多太空人們也接二連三的飛往太空。

「我長大以後想當太空人！」

每當在地球上有人產生這樣的夢想，前往太空的大門，就會再多開一扇。完

—給家長的話—

用「探索力」追尋科學真理

■日本千葉縣綜合教育中心課程開發部部長
大山光晴

我認為五年級是小學中活動最活潑的學年。孩子們可以在學校積極的挑戰各種事物，並透過多樣的體驗，學習到很多的事情。從這些體驗當中，他們也一定會有很多疑問在腦海中浮現。這本書就是想要盡可能仔細回答這類的疑問。不過，光靠這本書的說明，可能還不足以讓大家充分理解所有的知識，有些孩子還是會發出「是嗎？可是，為什麼……」像這樣的孩子們，就請多多利用對大眾開放的科學博物館或是研究所，更進一步拓展自己的視野吧。由於科學知識非常深奧，懂得愈多、學得愈多，就會出現更多的疑問。孩子們就是應該在反覆尋找答案的過程中，讓學習能力在自己體內生根茁壯。

我們之所以要編寫這本《宇宙探祕！科學故事集5》，是為了要提升那些到了高年級以後，愈來愈喜歡科學與自然的孩子們的興趣，更進一步閱讀；或是那些雖然一直都很熱中於體育活動或是學習音樂，直到最近才開始在意身體或是有關地球等事情的孩子，也能增加對科學的興趣。在本書中的傳記部分，介紹的是達爾文以及太空人阿姆斯壯等人，他們向科學挑戰的勇氣，非常值得孩子們學習。

在小學時提出的疑問「為什麼？怎麼會這樣？」雖然因人而異、各有不同，但是以科學來解決各種疑問，則是全人類的課題。這些疑問可以引導人類創造出地球的未來，我也希望孩子們能夠創造出人類嶄新的未來。

—企劃緣起—

成長與學習必備的元氣晨讀

■親子天下總編輯 何琦瑜

源於日本的晨讀活動

二十年前，大塚笑子是個日本普通高職的體育老師。在她擔任導師時，看到一群在學習中遇到挫折、失去學習動機的高職生，每天在學校散漫度日，快畢業時，才發現自己沒有一技之長。出外求職填履歷表，「興趣」和「專長」欄只能一片空白。許多焦慮的高三畢業生回頭向老師求助，大塚笑子鼓勵他們，可以填寫「閱讀」和「運動」兩項興趣。因為有運動習慣的人，讓人覺得開朗、健康、有毅力；有閱讀習慣的人，就代表有終身學習的能力。

但學生們根本沒有什麼值得記憶的美好閱讀經驗，深怕面試的老闆細問：那你喜歡讀什麼書啊？大塚老師於是決定，在高職班上推動晨讀。概念和做法都很簡單：每天早上十分鐘，持續一週不間斷，讓學生讀自己喜歡的書。

沒想到不間斷的晨讀發揮了神奇的效果：散漫喧鬧的學生安靜了下來，他們上課比以前更容易專心，考試的成績也大幅提升了。這樣的晨讀運動透過大塚老師的熱情，一傳十、十傳百，最後全日本有兩萬五千所學校全面推行。正式統計發現，近十年來日本中小學生平均閱讀的課外書本數逐年增加，各方一致歸功於大塚老師和「晨讀十分鐘」運動。

台灣吹起晨讀風

二〇〇七年，天下雜誌出版了《晨讀十分鐘》一書，書中分享了韓國推動晨讀運動的高果效，以及七十八種晨讀推動策略。同一時間，天下雜誌國際閱讀論壇也邀請了大塚老師來台灣演講、分享經驗，獲得極大的迴響。

受到晨讀運動感染的我，一廂情願的想到兒子的小學帶晨讀。選擇素材的過程中，卻發現適合十分鐘閱讀的文本並不好找。面對年紀愈大的少年讀者，好文本的找尋愈加困難。對於剛開始進入晨讀，沒有長篇閱讀習慣的學生，的確需要一些短篇的散文或故事，讓少年讀者每一天閱讀都有盡興的成就感。而且這些短篇文字絕不能像教科書般無聊，也不能總是停留在淺薄的報紙新聞，才能讓這些新手讀者像上癮般養成習慣。

我的晨讀媽媽計畫並沒有成功，但這樣的經驗激發出【晨讀十分鐘】系列的企劃。我們希望用晨讀打破中學早晨窒悶的考試氛圍，讓小學生養成每日定時定量的閱讀，不僅是要讓學習力加分，更重要的是讓心靈茁壯、成長。在學校，晨讀就像在吃「學習的早餐」，為一天的學習熱身醒腦；在家裡，不一定是早晨，任何時段，每天不間斷、固定的家庭閱讀時間，也會為全家累積生命中最豐美的回憶。

第一個專為晨讀活動設計的系列

【晨讀十分鐘】系列，希望透過知名的作家、選編人，為少年兒童讀者編選類型多元、有益有趣的好文章。二〇一〇年，我們邀請了學養豐富的「作家老師」張曼娟、廖玉蕙、王文華，推出三個類型的選文主題：成長故事、幽默故事、人物故事集。

我們的想像是，如果學生每天早上都能閱讀某個人的生命故事，或真實或虛構，或成功或低潮，一年之後，他們能得到的養分與智慧，應該遠遠超過寫測驗卷的收穫吧！【晨讀十分鐘】系列，帶著這樣的心願，持續擴張適讀年段和題材的多元性，陸續出版，包括：給小學生晨讀的《科學故事集》、《宇宙故事集》、《動物故事集》、《實驗故事集》、童詩《樹先生跑哪去了》、散文《奇妙的飛行》，給中學生晨讀的《啟蒙人生故事集》和《論情說理說明文選》等。

推動晨讀的願景

在日本掀起晨讀奇蹟的大塚老師，在台灣演講時分享：「對我來說，不管學生在哪個人生階段……，我都希望他們可以透過閱讀，讓心靈得到成長，不管遇到什麼情況，都能勇往直前，這就是我的晨讀運動，我的最終理想。」

這也是【晨讀十分鐘】這個系列叢書出版的最終心願。

—專家推薦—

晨讀十分鐘，改變孩子的一生

國立中央大學認知神經科學研究所創所所長
洪蘭

古人從經驗中得知「一日之計在於晨」，今人從實驗中得到同樣的結論，人在睡眠的第四個階段會分泌跟學習有關的神經傳導物質，如血清素（serotonin）和正腎上腺素（norepinephrine），當我們一覺睡到自然醒時，這些重要的神經傳導物質已經補充足了，學習的效果就會比較好。也就是說，早晨起來讀書是最有效的。

那麼為什麼只推「十分鐘」呢？因為閱讀是個習慣，不是本能，一個正常的孩子放在正常的環境裡，沒人教他說話，他會說話；一個正常的孩子放在正常的環境，沒人教他識字，他是文盲。對一個還沒有閱讀習慣的人來說，不能一次讀很多，會產生反效果。十分鐘很短，對小學生來說，是一個可以忍受的長度。所以趁孩子剛起床精神好時，讓他讀些有益身心的好書，開啟一天的學習。好的開始是成功的一半，從愉悅的晨間閱讀開始一天的學習之旅，到了晚上在床上親子閱讀，終止這個歷程，如此持之以恆，一定能引領孩子進入閱讀之門。

新加坡前總理李光耀先生看到閱讀的重要性，所以新加坡推〇歲閱讀，孩子一生下來，政府就送兩本布做的書，從小養成他愛讀的習慣。凡是習慣都必須被「養成」，需要持久的重複，晨讀雖然才短短十分鐘，卻可以透過重複做，養成孩子閱讀的習慣。這個習慣一旦養成後，一生受用不盡，因為閱讀是個工具，打開人類知識的門，當孩子從書中尋得他的典範之後，父母就不必擔心了，典範讓人自動去模仿，就像拿到世界麵包冠軍的吳寶春說：「我以世界冠軍為目標，所以現在做事就以世界冠軍為標準。冠軍現在應該在看書，不是看電視；冠軍現在應該在練習，不是睡覺……」當孩子這樣立志時，他的人生已經走上了康莊大道，會成為一個有用的人。

晨讀十分鐘可以改變孩子的一生，讓我們一起來努力推廣。

晨讀10分鐘系列 008

[小學生・高年級] 晨讀10分鐘
宇宙探祕！
科學故事集 5

編者｜科學故事集編輯委員會
監修｜大山光晴（總監修）、吉田義幸（身體）、
今泉忠明（動物）、高橋秀男（植物）、
岡島秀治（昆蟲）
作者｜粟田佳織、入澤宣幸、上浪春海、甲斐望、
小崎雄、丹野由夏、中川悠紀子
取材協力｜富田京一
繪者｜吉村亞希子（封面）、入澤宣幸、大石容
子、川上潤、小島賢、KUROHAMU、鳥飼
規世、中村賴子、
西山直樹、Verve岩下
中文內容審訂｜廖進德
譯者｜張東君

責任編輯｜張文婷
特約編輯｜游嘉惠
美術設計｜林家蓁

發行人｜殷允芃
創辦人兼執行長｜何琦瑜
副總經理｜林彥傑
總監｜林欣靜
版權專員｜何晨瑋、黃微真

出版者｜親子天下股份有限公司
地址｜台北市104建國北路一段96號4樓
電話｜（02）2509-2800　傳真｜（02）2509-2462
網址｜www.parenting.com.tw
讀者服務專線｜（02）2662-033
週一～週五：09:00~17:30
讀者服務傳真｜（02）2662-6048
客服信箱｜bill@cw.com.tw
法律顧問｜台英國際商務法律事務所・羅明通律師
製版印刷｜中原造像股份有限公司
總經銷｜大和圖書有限公司 電話：（02）8990-2588

出版日期｜2010年10月第一版第一次印行
2021年 2 月第一版第二十八次印行
定　價｜250元
書　號｜BCKCI008P
ISBN｜978-986-241-201-5（平裝）

國家圖書館出版品預行編目資料

小學生.高年級晨讀10分鐘：宇宙探祕！科學故事集5／粟田佳織等作；張東君翻譯. -- 第一版. -- 臺北市：天下雜誌, 2010.10
216面；14.8 x 21公分. --（晨讀10分鐘系列；8）
ISBN 978-986-241-201-5（平裝）

1.科學　2.通俗作品

307.9　　99016934

訂購服務
親子天下Shopping｜shopping.parenting.com.tw
海外・大量訂購｜parenting@cw.com.tw
書香花園｜台北市建國北路二段6巷11號
電話（02）2506-1635
劃撥帳號｜50331356 親子天下股份有限公司